京大人文研東方学叢書 5

術数学の思考

交叉する科学と占術

武田時昌 著

臨川書店

はじめに

「科学思想」「自然学」という言葉は、実に聞こえがいい。だから、私の専門分野は、中国科学思想史とか東アジアの自然学とかにしてある。時代や分野を問われることがあるが、古代から近代まで、数学でも、天文暦学でも、医薬学でも、時代も分野も問わずに何でも食い散らかしていますと答え、さらに易や占いもやっていますと附言する。すると、質問者は占いのほうに関心を示し、楽しい語らいになることがしばしばである。

中国科学史の場合、伝存する文献がそれほど多くないから、自然科学全般を研究することは珍しくないが、易や占術まで手を出す人はあまりいない。だから、中国学や科学史の関係者にはかなり怪しまれている。ところが、専門の違う人々の反応は真逆である。テレビ局や雑誌社から伝統科学に関する取材はほとんどないが、八卦、風水や陰陽五行に関する問い合わせは一度や二度ではない。臨床の現場で働く医療関係者のセミナーに時折講師に招かれることがあるが、「東洋医学と易」「医易と五行」などの演題をリクエストされる。関心度の高さは、易とその周辺が群を抜いている。

東アジアの学術文化の基層構造には、老子とともに易の自然哲学が大きな位置を占めている。自然探究の学問においては、易の数理が科学的言説の基礎に据えられており、その理解を欠いた科学理論の考察は成立しない。儒教史における易学については、専著が数多く存在するが、科学理論としての易をカバーする学術書は稀である。易の思想が社会や文化に何をもたらしたのか、いまいち判然としない。問い合わせや講演依頼が来るのには、そうした背景がある。

中国における科学思想を概説した通史は、管見の及ぶ限り見当たらない。それを構想するには、易の自然哲学という難関を突破しなければならない。しかし、『易』の経文をいくら読んでも、謎かけのような占辞が並んでいるだけである。科学理論としての「易」は、『易』という儒教の経典とイコールではない。占いの書であるままに五経の首に据えられ、聖俗の両域を往来するので、そこから汲み出される哲理と数理は変幻無碍である。まさに「変化の書」(Book of Changes)と英訳されるにふさわしい。

易学の歴史では、象数を捨て、哲学的な解釈だけを追求する義理易が登場して、種々の技法を用いた漢代象数易は異端扱いされるようになる。しかし、振り返ってみると、もともと占いを実践するために著述された書物であり、そこから儒家的な深遠なる道理を読み取ること自体、不思議な話である。ある意味では、逸脱しているのは経学者のほうである。八卦の数理や象徴を解読し、予知、予言に応用するのは、本来の目的に適っている。したがって、数理思考の発揮の場としての易は、他の占術を引き連れて、経学の枠外に飛び出し、俗流空間に生息地を求めることになる。

自然探究の学問的枠組みは、易と占術が雑居する空間において形成される。つまり、自然科学の諸分野と易を中核とする占術が複合した学問領域=「術数学」が成立している。そこは、政治思想や宗教思想が世俗化してできた俗流空間であり、自然と人間の関係性に思索を巡らし、生活の智恵として科学知識を取り込んだ「民知」が渦巻いている。道士、僧侶や技芸に趣味のある政治家が自由に出入りすることで、様々な階層の「知」が交叉し、ユニークな成果物を産出する。中国を起源とする秀逸な科学技術の発見、発明は、大部分は国家が主導して育てた精華ではなく、術数空間に自生した雑木が実らせた美果、雑草から抽出した特効薬である。

夏目漱石の絵画作品に「閑来放鶴図《かんらいほうかくず》」（一九一四）という山水画がある。奥深い山谷の草堂に山人が読書し、庭に放たれた二羽の鶴がいる閑静な風景を描く。図賛の漢詩には「閑来鶴を放つ長松の下、又虚堂に上って易経を読む」とあり、読んでいるのは「道経」（『老子』）ではなく、『易』である。孔子が晩年に易を愛読した故事を踏まえているのだろうが、世俗を超越した人間が最後に辿り着く哲学書なのである。

先秦での自然探究は、方術と総称され、老子の自然哲学に派生する道家思想が理論的基盤であった。ところが、時代が下がるにつれて、老子から易へとスライドする。しかし、それは表向きのことであり、両者は表裏関係にある。易は、仙郷ユートピアの読み物にふさわしいイメージも内包しており、老子と孔子の教えは易を介して交錯する。

中国の学術全般に言えることであるが、先秦から漢代までに後世の祖型は出来上がっている。術数書や暦注に展開される占術の技法も、先秦方術まで遡るものが多く存在する。ところが、初源的な段階では、『易』とは少し距離があり、易理からの派生というのは後からの権威づけである。易の数理思想が台頭するのは、前漢末のことである。自然把握の中心理論である陰陽五行説や天人感応説も、その頃に易理と結合する。漢代の思想革命を経て、先秦方術から中世、近世の術数学への変容があったのである。

その見地から漢代の思想世界を眺めると、政治思想や経学を中心とした歴史とはまったく異なる風物が見出せる。術数学のフレームワークは、その変容過程の具体的様相を明らかにするところからスタートする。

以上のような視座において、本書は漢代の思想的変革において術数学が誕生し、生き方、考え方の中国的パラダイムが形成される過程を議論したものである。私としては、中国における科学思想の総合的研究を究極の目的にした術数学研究の第一歩なのであるが、術数学の全体像を描き出すには至らないし、科学思想の史的展開を鳥瞰できているわけではない。しかしながら、科学と占術が政治思想と緩やかな連携を図ることで、中国特有の自然学または人生哲学、処世術の基型が創り出されたことに焦点を当て、中国的思考の源流を探り当てようとしたつもりである。したがって、術数学の入門書というより、「中国的なるもの」を希求してこれまで学んできた中国思想史の講義レポートを提出した気分である。

目　次

序論　中国科学の新展開――術数学という研究領域

三大発明とニーダム問題

中国科学史研究は、二十世紀の百年間を通して主要な研究資料の整理がなされ、数学、天文学、医薬学から建築、農業技術に至る諸分野の発展史、主要人物の生涯や業績に関する基礎研究がほぼ成し遂げられた。その結果、中国を起源とする数多くの科学的発明、発見があったことが具体的に指摘され、高度な水準の科学文化を開花させていたことが明らかにされた。韓国、日本、ベトナム等の周辺地域に伝播し、各国のスタイルで受容され、自国化されていく東アジア的展開にも数多くの研究がなされた。

今日ではすっかり常識になっていることであるが、フランシス・ベーコン（一五六一―一六二六）が『ノブム＝オルガヌム（新機関）』で主張したルネサンスの三大発明、すなわち（活版）印刷術・火薬・羅針盤は、実のところ中国起源の発明品が西方世界に伝わったものであった。近年では、それに紙の発明を加えて四大発明とするが、中国における技術的伝統の淵源はきわめて古い。また、理論面でもかなり早くから誇るべき成果がたくさんあり、近世のある時点までは中国のほうが西洋よりも科学技術の水準が高かったことを立証する事例は事欠かない。

ところが、ルネサンスの時期を境として西洋科学は飛躍的に発展したために、その優劣は逆転する。中国科学はどうして西洋科学に追い抜かれてしまい、近代科学へと脱皮しえなかったのか。そのような考究課題を設定して、東アジア伝統科学の限界性を考察しようとしたのは、ジョセフ・ニーダム（Joseph Needham）氏である。

ジョセフ・ニーダム氏は、三大発明のみならず数多くの発明や発見が中国に由来し、それがヨーロッパを含む他の文化圏にどれほどの影響を与えたのかを論証しようとして研究プロジェクトを立ち上げ、大著『中国の科学と文明』（*Science and Civilization in China*）を世に送り出した。本著は、世界文明史上に中国人のすぐれた貢献があったことを西方世界に知らしめるうえで、大きな原動力となった。同時に、「中国にはどうして科学革命が生起しなかったか」という問題、いわゆるニーダム・パズルまたはニーダム・クエスチョンを提議した。

そのような研究アプローチは、中国科学の先進性を広く認めさせ、西洋に対峙する東洋の伝統文化の一翼として研究することに意義を与えた。東方の科学文化への関心が高まるにつれて、西洋一辺倒の文明史観は相対化され、三大発明の「世界」という形容詞はやがて「ヨーロッパ」、さらに「ルネサンス」と縮小化され、「三大改良」というヘンテコな言い方まである。しかしながら、それはあくまで歴史研究、比較文化の領域におけるものであり、現代科学の研究の現場において伝統科学を再評価しようとする方向で作用することはなかった。

科学技術史研究の問題点

ニーダム・パズルの問題意識は、科学革命が西洋だけに生起し、欧米近代科学の世界制覇を実現させたサクセスストーリーを特別視するものであり、近代科学の合理主義的な立場から眺めて、伝統科学の敗北と終焉を前提にした議論に終始する。したがって、西洋偏重の学問観を払拭することができなかった。

そのことは、研究の方法論的な誤謬を示唆している。これまで力点を置いていたのは、自然科学への階梯として先駆的業績を調べ上げ、系譜化するところにあり、科学理論と技術をめぐる発見、発明の業績史が中心であった。そのために、科学文化の構造的把握や社会的、思想的な役割にあまり関心を抱いてこなかった。

中国科学の体質的な特色及び史料的な制約を考えれば、そのことは見過ごすことができない問題である。科学書、技術書はそれなりの数量が今日まで伝存するが、その時代を代表する著作が必ずしも後世に伝えられているわけではなく、時代的にも、地域的にも、離散的に点在するだけである。しかも、中国では早期に散佚してしまい、韓国や日本に伝えられたものも数多く含まれており、それらは偶然に残った感がある。人物に関しては、さらに悲惨な状況にある。先駆的な業績を残した人物の多くは史書に記録がほとんどなく、詳しい事績は言うまでもなく、生卒年すら不詳である。自然探求を試みていた研究者集団の存在を語る史料はなく、どこでどのように研究を遂行していたのか、まったく判然としない。

しかも、大部分の著作は、理論の陳述を目的としたものではなく、実用に供するための指南書、教本である。また、前代の研究成果を集録した著作が多く編纂されたが、個々の言説が寄せ集められていく過程で、最終的な結論だけが記載される傾向にあり、それを生み出した数理やプロセスは伝えられない。数学書の著述スタイルがその典型である。イエズス会宣教師によって西洋の数学書を学ぶまでは、理論的説明を繰り広げたものは皆無であり、設題、答えと最終的な解法公式を列挙しただけの算術問題集であった。その算法を案出した数理は、『九章算術《きゅうしょうさんじゅつ》』劉徽《りゅうき》注を例外として、どこにも語られていない。技術とともに理論的な側面も、口授、秘伝の要素がきわめて強かったのである。

現代科学の手法を用いた帰納的な解析を用いれば、評価すべき先駆的業績を抽出することはできるかもしれない。しかしながら、その論述の数理が理解されるわけではなく、前後の文脈や取り巻く環境を忽《ゆるが》せにするならば、中国科学の理論構造の全体像を見つけ出すことはできない。著作の一部分を科学的業績として切り出し、離散的な点と点を結びつけて時系列で配列すれば、中国科学の史的発展の流れが描けるだろう。しかし、近代科学の系譜化を行うための年表には役立つが、表層部分を色彩か模様で飾り付けただけで、本体の学問的構造を把握したことにはならない。

さらに言えば、近代科学の合理主義的立場から眺めることによる最も厄介な弊害は、今日の科学的真理を基準として、非西洋型の思考様式に非科学、不合理のレッテルを貼ってしまうことである。中国科学の基礎理論や説明原理は易象数や陰陽五行説に依拠するが、それらは中国科学の迷信性を証明するものとして徹底的に糾弾される。古代ギリシャの四元素説が、自然哲学の根本原理として今でも広く認知されているのとは、雲泥の差である。

ニーダム・パズルに対する模範答案には、中国に大いに発達した数理天文学、鍼灸術や化学的技術に、占星術、呪術的療法や錬丹術との結合を認め、陰陽五行や易理によって理屈づけられていることに、「擬似《ぎじ》科学」としての後進性を強調する向きがある。しかし、精密科学と擬似科学という二分論は、あまり有効とはいえない。なぜならば、伝統科学に対する偏見や誤解を無意識にミスリードする危険性があるからだ。

近代科学の形成過程を振り返ると、怪しげな擬似科学＝自然魔術に振り回されていたのは、むしろ西洋社会のほうである。ルネサンス期の科学的な発明、発見の裏側には、占星術や錬金術への興味や野望が渦巻いており、自然科学と自然魔術の両者を峻別することができるわけではない。近代科学の旗手は、魔術的な「知」の体系に自然探求の想像力を培っており、占星術師、錬金術師との区別は、後世的な評価に左右されたものである。ケプラー、ニュートンの事績を辿れば、その区別が無意味であること、そして当時の人々を自然探求へと駆り立てていたものが科学と魔術の両域に跨がるものであったことがわかる。

当時の人々を自然探求へと駆り立てていたものを過小評価し、そこに発揮されている科学的思考の特色や着眼点を見逃してしまうならば、人々の知恵として作用した科学知識の有様や科学文化が社会にもたらしたものを探ることはできないだろう。

科学の近代化路線は、「魔術（呪術）から科学へ」「宗教から科学へ」というスローガンを掲げ、前近代社会を非科学、迷信と切り離した。しかし、どの文明圏においても、科学、技術と宗教とは、相反するものではなく、相補的な関係にあった。キリスト教会が社会支配の権力を掌握していて、聖書の教義に背く言説を排斥し、唱えた人物を迫害したことが中世から十九世紀まで長く続いたことは、西洋社会だけの特殊事情である。

科学技術の周辺に模倣、擬似や虚偽、偽善はつきものである。真理を目的とする学問的営為に、政治的な支配欲、経済活動の金欲、宗教的信仰のための方便といった別の力学が働くと、聖と俗の価値観が転覆するのはいつの時代も変わらない。魔術的要素と訣別し、自然神学の束縛から解放されて近代科学へと脱皮した要因が、前近代的な宗教や呪術との闘争の結果であると単純化して思い込むのは、機械文明の甘美な暮らしに酔いしれ、科学の神話を無邪気に語る近代人の悪癖である。まして、土着宗教と劇的な対立の構図を持たなかった他の文明圏において、宗教や呪術との混用が見られるからといって、未発達な段階にあると結論づけるべきではない。

とりわけ、中国では、儒学を修める政治家が科学研究や技術開発に消極的であり、仏教や道教の周辺に科学文化が形成されたことに、マイナスの評価を下すことはナンセンスである。少なくとも、科学研究を易学や占術から隔離すると、ただの抜け殻になってしまう。占いの書である易が経書の首に据えられることで、儒生が占い師と同一視できないように、中国科学が易理を理論的基盤とし、占術と共通した知識体系を有することで、擬似科学へと堕落したわけではない。むしろ、科学と占術が混在し、宗教や思想と交叉する領域に、中国科学の先進性、独自性を生み出してきたパラダイムが潜んでいるのである。

科学者集団の不在と基礎理論書

先秦以来、自然哲学、自然科学方面の探究は盛んに行われており、陰陽五行説、物類相感説といった基礎理論を構築するとともに、科学や技術の先駆的な発見、発明も目覚ましいものがある。しかしながら、歴史的な流れを鳥瞰すると、大きな謎がある。すなわち、書物は多種多様に残されているにも関わらず、研究者集団の実像がほとんど浮かび上がってこないのである。

中国科学の基礎理論が形成されたのは、漢代である。数学では『周髀算経《しゅうひさんけい》』『九章算術』、医薬学では『黄帝内経《こうていだいけい》』『難経《なんぎょう》』『神農本草経《しんのうほんぞうけい》』など、各分野で基礎となる著作が編纂された。その水準はきわめて高く、どの文明圏より自然科学が発達していたと言っても過言ではない。ところが、不思議なことに誰が、いつ、どこで編纂したのか、まったく不明である。いずれもそれまでの研究を集大成した感がある。ところが、史書にはそうした編纂事業がなされた記録は皆無であり、それに関わった研究者集団の存在もまったく語られていない。書物だけが突然に姿を現し、三国以降に数学、医薬学の聖典になる。また、科学理論の知識ベースとなった陰陽五行説、漢代の災異説《さいいせつ》や暦運思想に理論基盤を提供した天文律暦学なども同様である。『史記』『漢書』『後漢書』にいくつかの出来事が散見するだけで、理論構築の具体的な様相は何も伝わらない。

自然科学というのは、段階的に発展するものであるにもかかわらず、研究の経緯や進展は不明である。しかも、伝存する史料によると、急激な理論的飛躍があったかのような様相を呈し、漢代のみならず、六朝末から隋唐にも、宋元にも、それぞれ大きな断層が生じている。

鍼灸医学の基礎理論を確立したとされる『黄帝内経』の場合、後続の医書と比較すると、さらに謎は深まる。それらの論述は、羅列的、実用的になり、『黄帝内経』と比べると大きな落差がある。『黄帝内経』に展開された理論構造は、漢代に流行した陰陽五行説を多様に活用しており、きわめて難解で複雑なものである。医学書というより、思想書といったほうがふさわしい。この書物を基礎理論として学び、臨床の現場に応用しようとするのは至難の業であっただろう。だから、鍼灸医学は『黄帝内経』の編纂から確かにスタートするものの、これと比肩する理論書は二度と著されることはなかった。むしろ、臨床的知見を積み重ね、後代の医説を研究した後に、『黄帝内経』に論述された医学理論が究極的に理解できるようになるものであった。つまり、医学研究は、『黄帝内経』を出発点とすると同時に、それを最終的な到達点とする回帰曲線を描いているのである。

「黄帝内経」という書名は、『漢書』芸文志に著録されている。それが後世に「黄帝内経」の名を冠して流布し、今日まで伝存する『素問《そもん》』『霊枢《れいすう》』と一致しているとは考えられていない。芸文志には、他の医書も記載されているので、それらを加えて増補したとされる。四世紀後半には、『素問』『九巻』（または『鍼経《しんけい》』、後に『霊枢』と改称される）に『（黄帝内経）明堂』を加えた三書を再編纂した『甲乙経』（皇甫謐《こうほひつ》撰とされる）が成立しているから、それまでの間に増補がなされたことになる。もしそうだとすれば、どのような研究者集団によってなされたのだろうか。まったく不明であり、何の手がかりもない。

数学の歴史においても同様の疑問がある。ただし、少し様相は異なっている。『九章算術』の編纂時期は不明であるが、後漢末までにはすでに成立していた。近年には、その前身となる数学書が、江陵張家山漢墓出土『算数書』、長沙岳麓《がくろく》書院蔵『数』、睡虎地《すいこち》漢墓出土『算術』、北京大学蔵秦簡算書などが出現した。また、三国時代に『九章算術』に対する劉徽の注釈書が成立し、祖沖之《そちゅうし》、王孝通《おうこうつう》などの数学者によって唐代までに円周率の精密値の算定、球の体積の正確な公式、三次数値方程式解法などの段階的な理論的発展があった。それらは李淳風《りじゅんぷう》等によって『十部算経』に集成され、算学制度の国定教科書になった。ところが、北宋の元豊七年（一〇八四）に『算経十書』として刊刻した時には、最も高度な数学を展開した祖沖之の『綴術《てつじゅつ》』は散逸してしまっていた。『綴術』の内容が難解すぎて、読まれなかったためである。しかしながら、南宋末から元にかけて、秦九韶《しんきゅうしょう》、李冶《りや》という数学者が出て、高次方程式、不定方程式に関するきわめて高度な数学理論書を著した。唐代から宋元への理論的飛躍には、大きな断層がある。

他の分野においても、そのような不連続面を数え上げたら、切りがない。先駆的業績や先進的な技術の伝統を抽出し、近代科学の系譜化を行うことによって、科学史、技術史を素描することはできる。しかし、当時の科学文化の文化的、社会的要素を捨象してしまえば、科学思想史、科学文化論は成立しない。東アジア世界に根差した伝統科学文化の特質や可能性、限界性を考究するには、別のアプローチが必要なのである。

科学史研究の新展開

科学史研究は、新しい局面を迎えている。その契機は、一九七三年末から一九七四年初にかけての遺跡調査によって長沙馬王堆《まおうたい》漢墓から数多くの科学書が出現したことにある。その後も各地で続々と竹簡、帛書や文物が出土し、前漢までの空白期を埋め、中国科学の起源と形成を探る新資料が得られた。天文暦学、数学、医学の諸分野においても、古代思想、養生思想においても、実に衝撃的な証言をもたらした。

すなわち、『九章算術』『黄帝内経』『傷寒論《しょうかんろん》』の前身となる算術書、灸経、薬物療法（経方）の医書、秦から漢初に施行していた顓頊暦《せんぎょくれき》に関する天文暦書などが出土し、黎明期の科学文化の存在が明らかになった。また、先秦から漢に至る思想書、養生書、占術書なども数多く出土し、そこには陰陽五行説、天人感応説や万物生成論に関する初源的な言説が大いに唱えられていた。つまり、中国科学の理論形成が漢代からスタートするというこれまでの定説を大いに覆すものであった。先秦から漢初において、自然哲学的な思索が多様に試みられており、漢代に成立した基礎理論書の根幹がすでに出来上がっていたことを明示した。

『黄帝内経』について言えば、経脈篇で述べる十二経脈説は、出土した灸経《きゅうけい》（『足臂十一脈灸経《そくひじゅういちみゃくきゅうけい》』『陰陽十一脈灸経』）の十一脈説を加筆したものであることがわかった。十一脈は五陰六脈であり、五蔵六府（五臓六腑）に対応する。それに手の厥陰心包《けっちんしんぽう》脈を加えて十二脈とし、手足の三陰三陽脈の経脈説に仕立て上げた（第一部、第一章、第四節参照）。つまり、内経医学の鍼《はり》療法の基本である経脈と経穴は、灸療法の理論を借用し、改変したものであることが判明したのである。そのことを指摘するだけでも、これまでの定説を覆し、再考を促す衝撃的な大発見であったことが理解できるだろう。

新出の資料群は、そのような漢以前の学術文化を明らかにする情報を満載するだけではない。もう一つ別方向の視座を供給している。それは、先秦と中世、近世との連続性を窺わせていることである。とりわけ、三国から隋唐まで数多くの医薬書、占術書が著されたが、胎児《たいじ》発生論、暦注として寄せ集められた占術などのように、中世の諸書に展開された医術、占術はその起源が古代まで遡ることが判明した。漢代以前の黎明期にすぐれた科学文化が開花しており、素型となる理論が早期に芽生えていたことを明示したのである。それは、誰も推測できない地下に埋もれた古代の史実であった。視線を反転させれば、新出土資料は、自然科学の発展を現存資料から跡づけることには、資料的な限界があることを言い立てている。

中国では、古代より自然探求に深い関心を抱き、季節の変化や自然現象のメカニズムを考察して、自然科学分野の先駆的な発見、発明を成し遂げ、天文暦法、音律学、鍼灸医術、本草学といった中国特有の学問を切り拓いた。また、自然現象、動植物の生態などを観察し、規則性や相互関係を定式的に把握し、それらから類推して社会のあり方、人間の生き方を考究するユニークな自然哲学を展開した。そして、自然と人間、物類相互の感応現象をめぐる多種多様な言説は、国家や社会における諸々の制度、習俗の形成、文化活動の遂行に大きな指針を提供してきた。

その理論的基盤は易や老子の自然哲学にあり、陰陽五行説を説明原理とするものであった。そこに発揮された哲理や思考様式はきわめて独創的であり、それを中核に据えて思想的な基層構造が創り出された。従来の研究では、漢代思想における天人感応説、象数易《しょうすうえき》や宋明理学のなかの「気」の哲学といった形で個別的な検討がなされているが、その学問的基盤や理論的特色を構造的に把握するには、術数学《じゅつすうがく》という未開拓な領域に考察のメスを入れる必要がある。

科学と占術の複合領域

術数学とは、自然科学の諸分野と易を中核とする占術とが複合した中国に特有の学問分野である。科学と占術は、アウトプットの方式、運用の目的は異なっている。しかし、理論の組み立て方は、老子や易の数理や陰陽五行説を共通の基盤とし、定式的な自然把握と技術操作的な側面において、両者は類縁関係にある。宋元の天文暦官の学習課目に、六壬《りくじん》、太乙《たいいつ》、遁甲《とんこう》という占術が含まれ、医卜兼修《いぼくけんしゅう》が唱えられるのも、その特性による。したがって、自然探究の学問は、易占を旗頭《はたがしら》にした占術と雑居し、複雑に絡み合う術数学の時空を形成した。占星術、錬金術や伝統医療を見ればわかるように、自然探究の学問が思想、宗教と占術の境界領域に自生することは、中国に限ったことではない。今日のように科学と迷信、俗信をはっきりと峻別していたわけではなく、サイエンスの域を逸脱した言説も数多く存在するが、数理的思考や博物学的考察を発揮する場がそこにあった。

自然探究の学問は、今日ほどに社会的ステータスが高くなく、技芸の世界に位置していた。社会的有用性は、便利な道具や器機の開発とともに、天文占や暦注のように未来の予見や択日、医療における呪いや禁忌による難病、奇病の克服といった占術的な側面にむしろ存在していた。天文書、暦書、医書といった科学書に、頒布《はんぷ》されたカレンダーの暦注をはじめ、占術への論及が数多くなされているのは、その現れである。

ところが、思想史研究、科学史研究においては、近代合理主義的な価値観によって占術的な側面は非科学、迷信または疑似科学として考察対象の枠外に置き、深く掘り下げることはなかった。京氏易《けいしえき》、先天易《せんてんえき》といった象数易は、数理的支柱として大きな作用を発揮したが、経学（「五経《ごきょう》」（易・書・詩・春秋・礼）の経典解釈学）の歴史の範囲でしか議論されない。そのために、術数学は未開拓な研究領域であり、学問的輪郭すら鮮明でない。術数学のベクトルは、思想、宗教、技芸、習俗といった多領域にわたるものである。科学技術の発展史として発見史、発明史を記述してきた従来の科学史研究では十分に評価できない。とりわけ、科学と呪術、科学と宗教といった対立の図式で捉える限り、その境界線を自在に行き来した術数学の実像は見えてこないのである。しかしながら、中国における自然哲学の系譜を明確にし、西欧近代科学に対峙する中国伝統科学を構造的に把握しようとするならば、科学と占術の色分けをせず、術数学というコンセプトにおいて自然探究の学問を包括的に考究すべきである。

術数学の生息空間

術数学がユニークである最大の特色は、理論的中核に儒教のバイブルである『易』を据えたところにある。『易』という書物は、八卦占いの書でありながら五経の首としてバイブル視され、聖俗両面を持つ。前漢の武帝によって儒教が官学化され、官吏の登用に経学が必須の学問になると、漢初まで老子が担っていた指導的役割は、易の自然哲学に求めるようになる。しかしながら、易占という世俗的な要素は保有したままであり、諸々の占術を引き連れて、生起する事象を把握し、未来を解読する手法として、大きな役割を担った。

『易』の構成は、陰爻《いんこう》、陽爻《ようこう》のいずれかを三つ積み上げた三画八卦《さんかくはっか》を上下に重ね合わせた六十四卦三八四爻からなる。三画八卦は、筮竹《ぜいちく》によって導き出された「数」によって決定され、方位をはじめ諸物の「象」を配当されている。易象数は、哲学的解釈がなされる書物としての『易』から飛び出し、単独でも特定の数理や象徴をもたらす。そのために、科学理論や占術の数理は、易理に依拠した論理づけがなされた。易は、書物の『易』の世界に留まらず、数理思想の源泉となる。そして、その特性によって、中国では古代ギリシャの数学に匹敵する役割を担った。

中国占術は、古来より多種多様に発達した。亀卜《きぼく》、天文占、風角《ふうかく》、九宮、太乙、遁甲、六壬、建徐《けんじょ》、叢辰《そうしん》、相宅《そうたく》、占夢《せんむ》、択日《たくじつ》等々であり、その多くは現代社会でも活用されている。それらの理論的なルーツは先秦に遡り、それぞれに独自の方式を持っており、当時の科学知識や自然認識を基盤とする。漢代に易が台頭し、京氏易などの象数易が流行すると、易理によって根拠づけられ、その派生術と位置づけられた。

ところが、術数学の源流は先秦の「方術《ほうじゅつ》」と呼ばれるものまで遡り、初源的な理論がすべて易理に依拠するわけではない。陰陽五行説も同様であるが、後世の研究者によって易理を用いた解釈がなされ、それによって新たな側面が切り拓かれ、理論的な改変がなされる。そのことは、術数学研究をさらに厄介なものにしている。特に、世俗的な占術書は後世に伝えられることが稀であり、理論的な形成期の史料が乏しいことが致命的である。その見地から言えば、新発見の竹簡、帛書の資料は、先秦の方術から中世以降の術数学への変容を明確にし、包括的な立場で陰陽五行説の果たした役割を考察するうえで、実に有益な研究情報をもたらしてくれている。

先秦では神仙思想、養生思想の流行の思想的基盤となり、自然探究への関心を喚起し、様々な「方術」を生み出した。その理論的淵源は、老子に由来する自然哲学にある。それが、術数学のもう一つの理論基盤であることは言うまでもない。後漢末以降は道教という宗教思想に変容するが、術数学の生息空間は依然として道教の文化圏にあった。

近年に出土した算術書、占術書は、下級官吏に広く配布された教材を多く含んでいる。そのことは、科学や技術の担い手、伝達者または学習者を考えるうえで、実に示唆的である。先秦から漢代に政界で暗躍した方士の存在は、儒生に対する悪役として広く知られていた。しかし、彼らの自然探究の学問は、これまで怪しげな魔術、呪術と批判されてきた。しかし、水準の高い科学思考を発揮していたことを再評価すべきである。

漢の武帝期になると、経学を基軸とする儒家が国家の学問に公認され、大いに台頭する。一方、老子を開祖とする道家思想は政治思想から放逐されて野に下り、やがて民間信仰と結合して宗教思想に変容し、道教という宗教を生み出す。そのような動向において、方術の世界で唱えられていた天人感応説（天人相関説、天人合一説）が政治思想のメインテーマに取り込まれ、陰陽五行説が市民権を得て説明原理に大々的に活用されるようになる。儒学は自然探究の学問には消極的であったが、体質的な変化を自ら敢行したのである。そのような思想的変革が進行していく過程において、方術から天文暦学、数学、音律学《おんりつ》、鍼灸《しんきゅう》医術、本草学《ほんぞう》といった自然科学の諸分野が自立し、方術からサイエンスに昇華する。方術のなかではぐくまれた科学知識は、易を中心とする経学的学問体系の論理基盤を形成するようになる。

ところが、三国時代以降の著作や自然探究の様相を窺うと、科学研究の場が民から官へと移行してしまうわけではない。自然科学の諸分野は依然として在野の技芸の一つであり、すぐれた発明、発見に関わる技能の人材は官僚体制の枠外において自発的に養成された。改暦事業や勅撰の医書編纂などで、「道士」「隠者」とレッテルを貼られた人物が官僚に推挙され、指導的役割を果たすことはあったが、今日ほどに創造的な研究に国家的な優遇、支援が享受できる環境ではなかった。しかしながら、方術的な自然探求のあり方がすっかり廃れてしまうどころか、国家的な統制、束縛が緩い分だけ自由な方向に多角的な発展を遂げるに至った。『隋書《ずいしょ》』経籍志《けいせきし》以下に著録される書目を通覧すれば、中世、近世において子部術数類に分類される書物＝術数書が多数著されたことが了解される。そこには、科学書、技術書、占術書が雑多に混在している。

前述したように、著者に関しては、国家官僚に抜擢された一部のエリートを除いて史書に記録がほとんどなく、先駆的な業績を残した人物は、無名のままに埋没している。つまり、隠者的な存在である。史料に散見する方士、隠士、道士という呼称は、道教文化を享受する人物にはちがいないが、必ずしも道観や寺院で修行する宗教者を意味するとは限らない。そうであっても、すぐれた知見や技能を有しながら、社会的地位を獲得していない人物に対して、十分な敬意を払い、挙用することに躊躇《ちゅうちょ》しないのは、隠遁、隠逸という処世を価値づけた道家者流、道教文化の功績である。

六朝期に北朝で道士、僧侶が隠逸者と交友関係を持ち、科学や占術の研究を一緒に行っていたことを窺わせる記録がある。南宋の数学者、秦九韶は『数書九章』の序文で「隠君子」からの伝授と明言する。医薬学の世界は葛洪《かっこう》、陶弘景《とうこうけい》をはじめ、道教との繫がりはさらに深い。中国医学の形成期では、後漢の初めに涪翁《ばいおう》という無名の良医がいる。涪水《ばいすい》で魚釣りをしながら、貴賎を問わず無償で治療を行ったとされる隠棲者である。彼には『鍼経《しんけい》』『診脈法《しんみゃくほう》』という著作がある。鍼術と脈診《みゃくしん》は、『難経』に明示された内経医学の中心的論題であり、中国医学を最も特色づける技法である。『黄帝内経』編纂に前後する時期に、隠棲する釣り好き老人がその技法を究め、すでに書物にまとめているのである。しかも、孫弟子には、和帝（在位八八―一〇五）の時に大医丞に抜擢された郭玉《かくぎょく》がいる。彼らの著作は伝存しないために、涪翁から郭玉の伝授はあまり注目されていないが、扁鵲《へんじゃく》・倉公《そうこう》から華佗《かだ》・張仲景《ちょうちゅうけい》という後世に名高い医者の間において、世俗から宮廷医学へと伝播する鍼治療の技法があったことは興味深い。

科学や占術が雑居する俗流空間において、支配的な文化圏を築き、知識人が仕官しないで隠棲する生き方に理念を提供していたのは、言うまでもなく道教であった。道教は、民衆の不死願望を満たし、身体技法や丹薬によって長生延寿を追求することをメインテーマに据えており、仏教のように禁欲的、超俗的な要素は薄く、世俗社会との緊密な繫がりを有していた。そのため、宗教の枠組みに捕らわれないで民衆に大きな傘を広げ、人々の処世における生き方、考え方の行動指針を提供した。道教とその周辺に形成された文化圏においては、科学知識や技芸に十分な存在価値を認め、自然探究に向かわせる方向性があり、術数学の生息空間を創出させ、拡充させる推進力となったのである。

つまり、科学と宗教は相補的な関係にあったのである。近代主義的価値観で宗教と科学を対立的な図式で捉え、呪術から科学へという発展史観を当てはめようとすると、中国科学文化の実像は歪曲されてしまう。

老子と易、超俗《ちょうぞく》の思想と延年益寿《えんねんえきじゅ》の長生術、儒家的な哲理と未来を占う占術という聖俗の二面性をそれぞれ保有する。思想や宗教の正統的な自然哲学は大いに注目されているが、世俗へ向かうベクトルが庶民生活における中国的思考や処世観に大きな作用を発揮した。その俗流文化を最も体現しているのが術数学なのである。老子は道教、易は儒教のそれぞれの聖典であったが、両書が主張する自然哲学、処世観はきわめて類比しており、学派的対立を超えた表裏関係にあった。したがって、両書の読まれ方は、宗教哲学と政治思想という枠組みを逸脱して多角的、横断的であり、その往来、交差する場所に自然哲学、科学思想の基層構造が形成された。そのように老子と易が持ち込んだ思想的風土に自然探究の学問や技能が自生し、術数学の世界が創出されるのである。

以上のような視座において、術数学的アプローチによって中国科学史、科学思想史の新たな地平を切り拓こうとするならば、そのフレームワークとして先秦方術が漢代のフィルターを経て中世術数学へと変容する過程を明確にする必要がある。本書の著述目的はそこにある。以下の章において、術数学の理論構造を遡及的に考察しながら、その形成過程の具体的様相を探ることにする。

第一部　術数学のパラダイム形成

第一章　陰陽五行説はいかに形成されたか

第一節　無から有への万物生成論——中国的二元論

中国的二元論

陰陽説は、事物が相反する要素を陰類と陽類に分け、それぞれのグループに共通する属性を見出そうとするものである。「陰陽」の字義は、丘陵の斜面の日向《ひなた》と日陰である。太陽が日周運動では東から西へ左遷し、年周運動では西から東へ右動することによって、陽光が照らす斜面の影は変化していき、東西方向は朝夕で反転する。そして、昼夜、季節の変化に即して恒常的に繰り返される。そのような時間的推移が空間的な変化に連動することに着眼し、一日における昼夜の交代、一ヶ月における月の満ち欠け、一年における寒暖の推移といったものを、陰陽二気の作用と考え、自然界を貫く法則と見なした。

西洋哲学の二元論は、善と悪、天国と地獄、神と悪魔、生と死、美と醜《しゅう》というように、一方に優勢的な価値観を置く。しかし、中国の自然哲学では、上下、左右、表裏、剛柔、強弱という相対的な関係である。もっとも、君臣の主従関係や夫唱婦随というように、陰類に対して陽類が優越し、「陰は陽に従う」という封建的、男系社会の秩序原理を当てはめる場合がある。しかしながら、老子は女性、嬰児《えいじ》や柔弱を重んじて社会通念になっている価値観の転覆を主張し、「柔よく剛を制す」という考え方も強調した。そのために、道徳主義を徹底して善なるほうだけを是認し、悪なる他方を排除して善へと向かわせる優性重視の思想ではない。

最も基本となる考え方は、「陰極《きわ》まれば陽、陽極まれば陰」という相互に盛衰を繰り返す関係であり、陰陽は対立しているようで、そうではない。冬至には陰が極まり、夏至には陽が極まる。その間、陰陽が消長、盛衰し、勢力を増減させることで寒暖の周期的な変化が生み出される。春分、秋分には陰陽の勢いが拮抗《きっこう》し、ほどよい調和が生み出される。そのように、互いに牽制《けんせい》しながら勢力を増したり、減らしたりすることによって、自然や社会にバランスをもたらす相補的な作用を措定《そてい》する。

数学としての易

陰陽説の最大のトピックは、「気」の哲学を発進させたことに加えて、易という「数学」を構築したことにあるかもしれない。陰と陽は、万物を構成する根源的な元素であるが、易においては卦爻に投影された「象数」（象徴と数理）を具象化するのに活用された。易占は、五十本の筮竹《ぜいちく》を操作して「九八七六の数」を導き出すことで爻《こう》を定め、その操作を六回繰り返して六十四卦のいずれになるかを決める（**図1**）。当初は数字をそのまま記した「数字卦《か》」だったが、理論化する過程で、陰爻- -、陽爻—によって表記するようになる。

陰爻と陽爻なので、二進法的な発想を有する。西洋の二進法数学の発案者であるライプニッツが、北宋の邵雍《しょうよう》が考案した先天図（先天六十四卦方円図、**図2**）を見て驚嘆したことは、明末清初に中国で布教

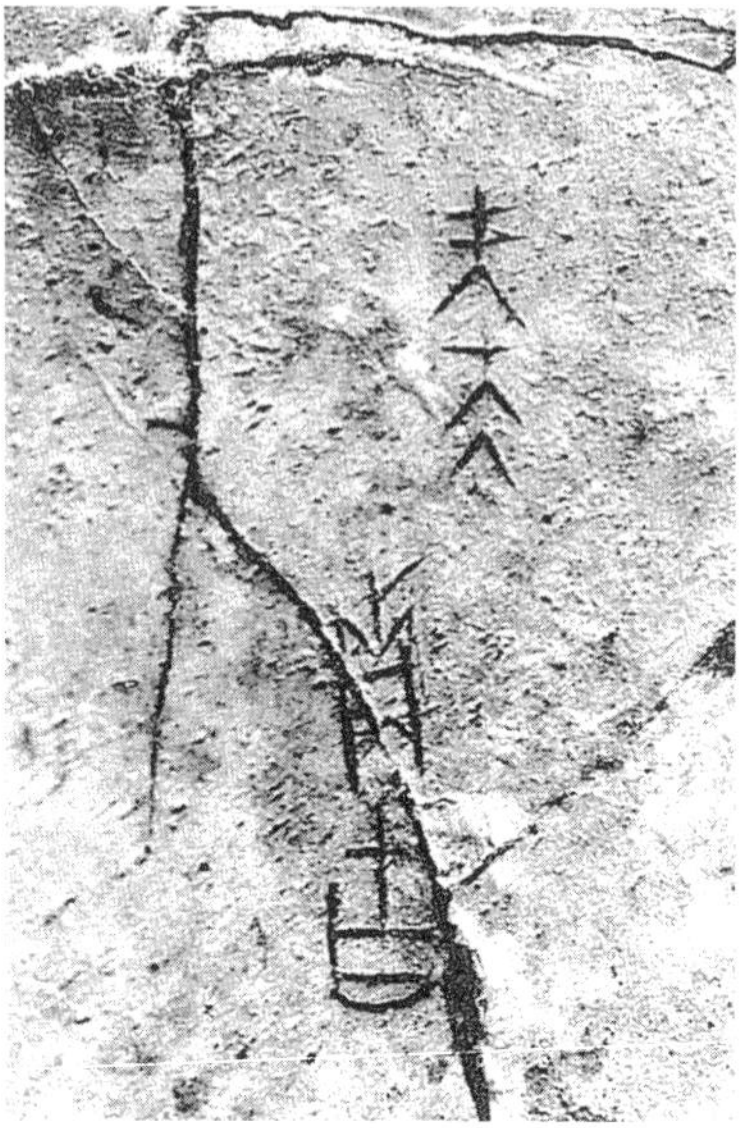

図1　数字卦と易数

易卦は、陽爻⚊、陰爻⚋を三層に重ねた八卦（三画八卦）が、上下に組み合わされた六四卦からなる。

乾 兌 離 震 巽 坎 艮 坤

☰ ☱ ☲ ☳ ☴ ☵ ☶ ☷

爻の記号は、かつては郭沫若のように男女の性器を象徴すると見なす向きがあったが、甲骨文に数字を重ねた図像が発見され、古来は導き出された数字をそのまま記していたことがわかった。図は、安陽殷墟で発見された卜甲の一部で「七七六七六六」「貞吉」とある。「七」は少陽、「六」は老陰であり、『易』では、漸卦䷴となり、卦辞に「女帰吉、利貞」（女帰《とつ》ぐに吉《きち》、貞に利《よ》ろし）とある。

なお、50本の筮竹を用いる方法では、50本から1本を除いた後に任意に左右に二分し、4本ずつ数えた余数をともに取り除く操作を三度繰り返し、余った筮竹を四束ずつ数えると、「九・八・七・六」のいずれかになる。それを老陽・少陰・少陽・老陰に当てる。

4本ずつ数えるというのは、4で割るという操作である。三度の操作は、4で割った余り（割り切れる場合には4本とする）を取り除くものである。最初の操作では、二分してから右手1本を左手小指に掛けて数えるので、結局は48本を二分したのと同じことになる。48本は4の倍数なので、両方が4の倍数になるか、両方の余りの合計が4になるかのいずれかで、取り除く余数は8か4二通りである。二度目、三度目も、4の倍数となる筮竹を二分するので、同じく余数は8か4である。したがって、三度の操作で残る数は、36、32、28、24の四種類となる。それを四束を一つとして数える、つまり4で割った商を求めると、「九・八・七・六」のいずれかになる。

六爻とも老陽九の場合、残った筮竹の数（策数）は36の6倍、すなわち216が最大であり、最小は24の6倍、すなわち144である。『易』繫辞上伝では、それらを乾卦と坤卦の策数とし、合計した360が一年の日数に合致し、六十四卦の総策数11520（＝360×32）が「万物の数」にあたると述べる。なお、第2部第2章で言及する三統暦、緯書暦では、それらの易数を暦術の数理に応用する。

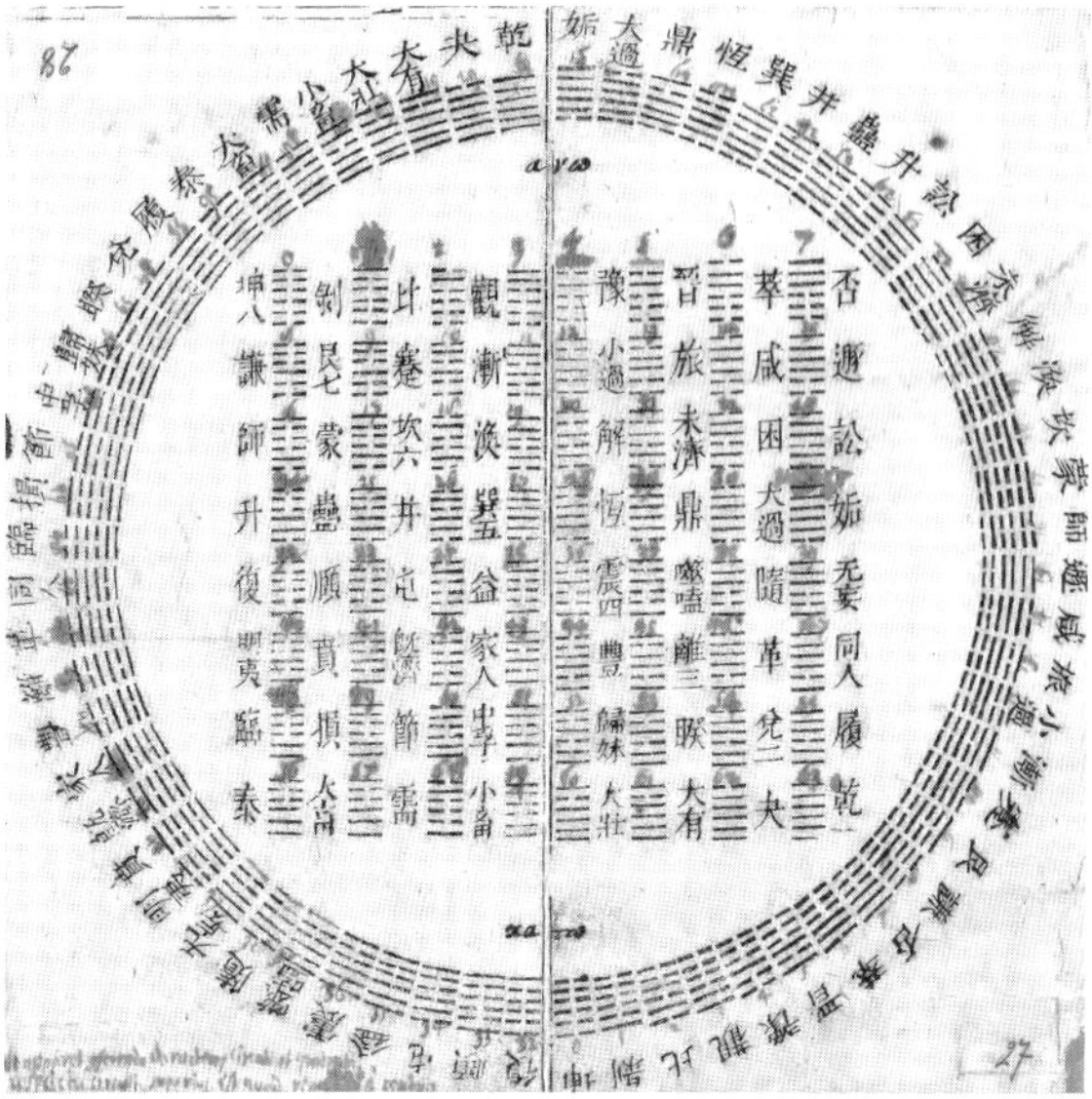

図２　ライプニッツの見た六十四卦先天方位図

古代、中世の象数易の主流は、京氏易であった。それに対して、北宋の周敦頤《しゅうとんい》、邵雍《しょうよう》、劉牧《りゅうぼく》といった易学者は、新奇な易説を主張した。彼らの立論の最大の特色は、伏羲《ふっき》が八卦生成に用いた聖図を秘かに手に入れ、その図解を試みたところにある。周敦頤の太極図、邵雍の先天図、劉牧の河図洛書がそれである。三種の神聖な易図は、朱熹の思想の数理的基盤に据えられ、新たな哲理を注入する概念装置となった。

邵雍が唱えた先天易では、1→2→4→8→16→32→64という陰陽の二分割の積み重ね方式（加一倍法）によって六十四卦が導けることに着眼し、「先天横図」（朱熹『周易本義』伏羲六十四卦次序図）を考案した。そして、中央で二分割し、上に乾卦、下に坤卦が来るようにして輪状にした「六十四卦先天方位図」を作成し、それに基づく八卦方位を「先天方位」と名づけ、説卦伝の方位（後天方位）に先立つ伏羲作易の方位と主張した。

ドイツの哲学者ライプニッツは、1701年に北京にいたイエズス会宣教師ブーヴェ（白晋）から送られてきた先天方位図を見て、自分が考案した二進法数学の発想が伏羲の時代にすでにあったと驚嘆し、二年後に論文を発表している。陽爻━を１、陰爻╍を０と見なして、０から63までの数字を書き込んだ図が残っている。ただし、漢字には無頓着で、円周の外側の数字は逆向きになっている。

を試みた宣教師がもたらしたシノワズリ（中国趣味）の流行を彩る有名なエピソードである。ところが、二進法数学によって、「陰」と「陽」が「0」と「1」と解釈されることがあるが、原理的には「陰」はゼロではなく、正数に対する負数（マイナス1）である。また、易卦の構成は、爻を三つ積み上げた八卦という小さな単位で把握され、八卦を上下に重ね合わせて六十四卦の組み合わせが生み出されると考えるので、二進法に組み合わせの数学的発想が内在する。

さらに言えば、易爻の数理は、筮竹を二分する三度の操作において、四で割った余数（四の倍数の場合は四本）を除いて手元に残った残数が三十六本、三十二本、二十八本、二十四本の四つの場合となることに着眼する。その残った筮竹の数（策数）をさらに四で割ると、「九八七六の数」が得られ、九が老陽（陽の変爻）、六が老陰（陰の変爻）、七が少陽（陽の不変爻）、八が少陰（陰の不変爻）に割り当てられる。乾卦の場合には、六爻すべてが三十六本だから「策数二一六」、坤卦の場合には六爻すべてが二十四本だから「策数一四四」とする。後世の筮法では、取り除いた筮竹の数の多少によって、九八七六の数を決める方式になるので、そのような策数はあまり意識されない。しかし、三統暦や緯書では、乾坤の策数と暦数を結合させ、大周期を導出する術数学的な言説を展開し、それを陰陽二元による「大数」と唱える。

数字卦を陰陽二爻で記号化し、陰陽二元論を基盤とする自然哲学と結合させることで、易占術は数理哲学へと飛躍する端緒を開く。そして、易は占いの書でありながらも、自然哲学の理論書として儒教の聖典に祭り上げられるようになる。その易が台頭する過程で、易の数理は孔子の教えに仮託され、老子の自然哲学と対峙的な関係になる。だから、先秦諸子百家の史的展開においては、修学と徳行による実践的な政治思想であった儒家が道家に対抗するための理論武装を敢行したということになる。しかし、自然探究の学問または術数学の理論形成という立場から眺めれば、両者の思想に差異があるわけではなく、老子と孔子の交錯は先秦諸子の学派を解体させる起爆剤であった。その結果、陰陽二元論をベースにした「気」の自然哲学が老子と易の二つの顔を持ったまま思想界に定着し、中国思想の基層構造を形成していくのである（第二部第一章参照）。

五行説と四元素説

五行説は、自然界に存在する事物、生起する現象の構造や相互関係を説き明かす基礎理論であり、古代ギリシャ、イスラムの四元素説、インドの四大説に対峙する。四元素、四大とは、水・火・土（地）・空気（風）であり、天上界を構成する元素としてエーテル、インド哲学では空（虚空、アーカーシャ）をそれぞれ第五元素、五大として加える場合もある。

それに対し、五行説は、空気または風に代わり、木と金を加える。「水火」について孟子は次のように述べる。

民、水火に非ざれば生活せず。昏暮《こんぼ》に人の門戸を叩きて、水火を求むるに、与えざる者無し、至って足ればなり。（尽心上）

水火は、それなしでは生きていけない生活上の不可欠なアイテムであり、しかも他人に分け与えるこ

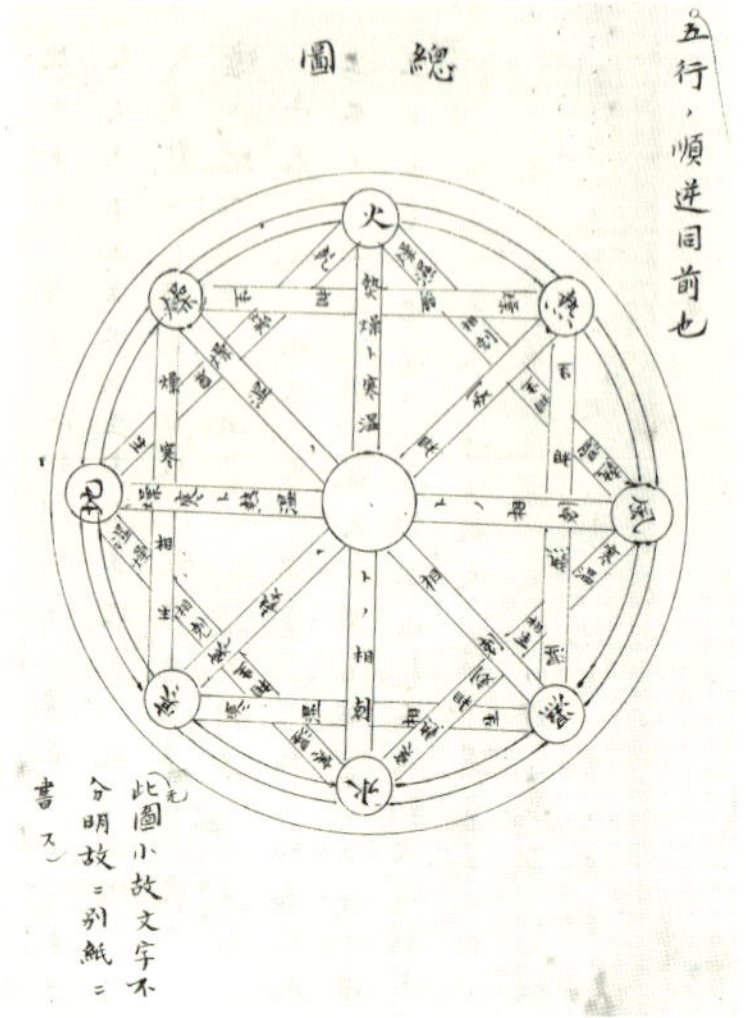

図 3　四元素説（『乾坤弁説』より）

西洋の四元素説（漢訳は「四元行論」）は、宇宙論、天地開闢説や体液病因論などの説明原理に広く用いられた。東アジアでの受容は、明末清初にやって来たイエズス会宣教師の漢訳事業によってもたらされた。中国では、ミケーレ・ルッジェーリ（羅明堅）が布教を開始してすぐに著した『（新編）天主実録』（1584）で言及している。その後、マテオ・リッチ（利瑪竇）は『天主実義』を改訂し、『四元行論』を著し、さらにアリストテレス・プトレマイオス流の宇宙論を概説した『乾坤体義』を成立させる。

日本での受容は、イエズス会士の漢訳書や方以智の『物理小識』（1664）、王宏翰の『医学原始』（1688）などの西学啓蒙書が舶載されて広く知られるようになる。ところが、四元素説は『乾坤体義』成立以前、豊臣秀吉の時代にすでに伝えられていた。その立役者は、リッチらの中国布教と同時期にゴアから日本へと渡ったペドロ・ゴメスである（1583年夏に上陸）。1590年に日本準管区長となった彼は、1593年に天球論、霊魂論、神学要綱の 3 部作からなる『講義要綱』を完成させ、その 2 年後に日本語版を作成した。日本語版は、久しく見失われていたが、1995年にオックスフォード大学モードリンカレッジ図書館で発見された。ただし、第 1 部の「天球論」を欠いているが、ゴメスの原著を種本として、『二儀《にぎ》略説』（小林義信《こばやしよしのぶ》述）、『乾坤弁説』（沢野忠庵口述、向井元升編注）が著された。

『乾坤弁説』の向井元升の弁説では、陰陽五行説に依拠して四元素説を「凡鄙《ぼんぴ》俗義」「邪見偏僻《へんぺき》」の所説に陥っていると批判する。南蛮の学説に対して「形器の上の工夫のみにして、形而上の義においては暗くして明らかならず」と論断する。明末清初や江戸前期の儒学者に共通する西洋の科学観が窺えて興味深い。なお、向井元升（別名に玄松、1609-1677）は、肥前に生まれ、長崎で育った儒医であり、彼が念頭に置いていたのは、近世に流行した医家の運気論である。

運気論とは、陰陽五行と六十干支を組み合わせた運気（五運六気）を用いて六十年周期の疾病サイクルを定め、自然のリズムとの調和を図ろうとする医家の暦運説である。

象数易と天文暦術を結合させた先天易図説や運気論は、宋明理学の理論的基盤となるが、晩明になって受容した日本では、江戸期の傑出した自然哲学者である安藤昌益、三浦梅園に大きな影響を与えている。

とに躊躇しないほど豊富に存在する。まさに根源的物質であるというにふさわしい。どこにでもある存在物という見地から言えば、大地になっている土もそうであるが、さらに木（草木類）、金（鉱石に含まれる金属）を加えるところに、中国的発想のユニークさが窺える。

物類の生成や相互作用のメカニズムを原理的に把握するうえで、五行説が有効な手段になりえたのは、五行を五方（四方と中央）に配当し、各要素の相互関係をパターン化して把握したところにある。

五方配当とは、火と水、木と金は相対する関係であり、南北、東西または前後、左右の四方に配置し、土を中央に配する。陰陽説では、陰が北方と西方、陽が南方と東方であるので、水金が「陰」、火木が「陽」に配され、中央の「土」は、天と対比する「地」でもあるとして、「陰」であるとともに、他の四行を統括する。

五行の相互関係で、最も活用されたのは、「相克《そうこく》」（相勝《そうしょう》）と「相生《そうしょう》」である。火は水に消され、木製品は金属器に壊されるから、相克関係が認められる。金属が加熱によって溶かされ、鋳造されること、さらに土が水を堰き止め、木が土を割って地上に出てくることに着眼すれば、火→水→土→木→金→（火）……という「勝たざる相手」への「相克」の循環ループができる。また、四方は四時（四つの季節）にも配され、春→夏→秋→冬（木→火→金→水）という季節の巡りを五行に拡大し、火が燃えると灰土になり、地中に金が生じると考えて、火と金の間に土を割り込ませると、木→火→土→金→水→（木）……という相生関係が想定できる。

この関係性は、五者にそれぞれ異なる役割を与え、しかも循環的に入れ替わるところに妙味がある。

表1

	木	火	土	金	水
自分が生む子	火	土	金	水	木
自分を生む母	水	木	火	土	金
勝てない敵	金	水	木	火	土
勝てる相手	土	金	水	木	火

木を例に取れば、産みの親が「水」、子が「火」、勝てない「敵《かたき》」（仇讐《きゅうしゅう》）が「金」、勝てる「餌《カモ》」（獲物）が「土」となる。他の四行から「木」を見れば立場が逆転し、水の「子」、火の「親」、金の「餌」、土の「敵」となり、それぞれ四つの関係性が順序だって変化する（**表1**）。

相克説、相生説は広く知られているが、五行の関係性はそれだけではない。特に十干十二支、五音や易の卦爻が五行に配当されると、多様な組み合わせになる。陰陽説も同様で、多面的な位相を持つ。近年に発掘された出土資料には、先秦から漢初にかけての早期の陰陽説、五行説を用いた思想書、占術書が多数含まれ、その具体的様相を探る手がかりが得られた。それらを検討すると、漢代儒家思想に取り込まれた陰陽五行説は単一化されており、初期の数理が埋没し、異なる配当説に改変されていたりで、当初の数理を十分に継承、発展させているわけではないことが判明した。しかしながら、漢初までの自然探究の学問やその応用術における多様な試みは、術数学の理論的構築に大きな作用を発揮しており、中世以降の科学書、占術書においても、漢代のフィルターをすり抜け、少し姿を変えて引き継がれていることが指摘できる。

そこで、新出土資料に遡及的な考察を行い、それがどのように応用され、いかなる言説を生み出したのかを検討しながら、陰陽五行を基軸にして自然学または占術の基礎理論が形成されていった具体的様相を窺うことにする。

それは老子の生成論に始まった

陰陽説、五行説は、当初から「気」の自然哲学であった。その発想の原点は、万物生成論にある。宇宙空間の始原的状態は、混沌とした「無」の世界（太乙、太一、太極）であり、未分化の「気」が充満する。そこから「有」に形象化する過程で、最初に分化するのが陰陽二気である。それが万物に細分化していくと考える。

文献的には、老子の生成論が最も古い。『老子』四十二章に「道は一を生じ、一は二を生じ、二は三を生じ、三は万物を生ず」とある。そして、「万物は陰を負《せお》い陽を抱《いだ》き、沖気《ちゅうき》以て和を為す」とし、陰陽のバランスが取れた「和」の状態を、「沖気」（沖気、中気）とする。万物を構成する「気」は、初源的な状態は未分化の「元気」である。それが陰陽に分化し、清濁《せいだく》、軽重の属性によって天地に分かれて形象化していく。

万物に至る過程の根源的な要素として、老子では陰気、陽気とそれらが調和した「沖気」の三者を想定するが、やがて「四時、五行」が加わり、易では「太極《たいきょく》→両儀《りょうぎ》→四象《ししょう》→八卦《はっか》→重卦《ちょうか》（六十四卦）→万物」となる。「一」（太極）から八卦の間に措定する「二」（両儀）と「四」（四象）は、陰陽と四時を言い換えただけである。この生成論は北宋に至り、周敦頤《しゅうとんい》が見出した太極図によって図像化され、近世の儒者をはじめ、知らないものがいないくらいに社会に浸透する。

ところが、近年の新出土資料によれば、先秦から漢初までの生成論には、そのようなシンプルな生成論だけではなく、もっと思弁的で、複雑化した議論を繰り広げている。とりわけ注目されるのが、一九九三年に出土した郭店楚簡《かくてんそかん》、一九九四年に上海博物館が購入した戦国楚簡（上博楚簡《じょうはくそかん》）である。

「郭店楚簡」は、一九九三年十月に湖北省荊門市郭店一号墓から出土した竹簡の典籍群である。墓葬年代は、紀元前三世紀初めとされるので、孟子（三七二？―二八九）が活躍した前後ということになる。出土した竹簡は、八〇四枚で、そのうち七三〇枚に文字が約一万二〇〇〇字ほど記され、十八種類の典籍が確認された。そのなかには、『老子』の三種のテキストがあり、『緇衣《しい》』は『礼記《らいき》』緇衣篇とほぼ重なり合う。また、『五行』は、馬王堆漢墓帛書『五行』の経文と合致しており、その成書年代が孟子の時代にさらに接近した。

一方、「上博楚簡」とは、近年に発掘され、密かに香港の骨董《こっとう》市場に出回った出土資料を、一九九四年に上海博物館が購入したものである。土木工事によって掘り出された貴重な文化遺産がこっそりと転売され、香港に流出するとは、まったく呆れた話である。その後も流出が後を絶たず、二〇〇七年に岳麓《がくろく》書院、二〇〇九年に北京大学が入手した秦漢の竹簡群には興味深い典籍が含まれる。また、浙江《せっこう》大学蔵戦国楚簡には『春秋左氏伝』の一部が含まれていて大きな話題になったが、贋作の疑惑が持たれている。なお、上博楚簡は盗掘品ということなので、出土の時期や場所は一切明らかにされていないが、湖北省からの出土という噂が伝わっており、竹簡の年代測定、字体や記載内容から郭店楚簡とほぼ同時期の資料であると推定されている。

無より有を生ずるプロセス

上博楚簡『恒先《こうせん》』では、「無」から「有」が生み出される過程で、「気」の介在を強調する。すべてに先立つ「無」の世界に「恒《つね》なるもの」があり、「気」が生まれて「有」となるというプロセスを想定する。すなわち、天地開闢以前に、「恒」→「域（或）」→「気」→「有」→「始」→「往」という流れの生成過程を置く。「恒」（恒なるもの）または「恒先」（恒なるものの始祖）とは、「無」の世界に生起する最初の存在である。天地という空間がまだ形成されていない段階なので、大朴《たいぼく》（一説に「朴」は「質」とする）・大静・大虚という「無」の性質だけを持つ。そこから「或」（或るもの）を経て「気」が生まれていくが、「恒」がその生成に関与するのではなく、自発的な作用によって生起する。気には清濁があり、濁った気が地を生じ、清んだ気が天を生じ、天地間のスペースに気が充満して、万物生成の舞台が出来上がる。

「同出而異性」（同じ気から発生しているが、異なる性質になる）という気の清濁によって上下に分離することで、天地が創造されるという考え方は、『淮南子《えなんじ》』等の漢代の文献にも受け継がれている。陰陽の用語は見られないが、陰陽説の萌芽がある。別の箇所では、「有は或より出で、生（性）は有より出で、音は生より出で、言は音より出で、名は言より出で、事は名より出づ」とあり、「或→有→生→音→言→名→事」という順序で事物の生成を説明する。「生」は「性」、「音」は「意」を指すと思われ、本性から意思が発動して言語となり、名付けが行われて事物が成立すると唱える。

以上のように、老子の万物生成論における発生プロセスを、気の作用、心の働きによって具体化しようと試みている。宋明理学のように「理」と「気」の相互作用への言及はないが、発想は限りなく近似する。しかも、「気」だけに特化せず、「或」「有」「始」や「言」「名」といった諸要素を差し入れ、別々の位相に分けることで、多面的、複合的イメージを想起させ、天地、事物の発生メカニズムを解き明かそうとする。陰陽五行のコンセプトが定着すると、単一化してしまうが、気の哲学の胎《たい》動期には「無」から「有」への形象化にユニークな機能論を展開していたのである。

上博楚簡のなかには、陰陽、五行に関する立論もある。『凡物流形《ぼんぶつりゅうけい》』に、

> 陰陽の処《お》るや、奚《なに》をか得て固《かた》からざらんや。水火の和するや、奚《なに》をか得て厚《あつ》からざらんや。……天地、終わりを立て始めを立つるや、天は五度を降すに、吾、奚をか衡《よこ》とし奚をか縦《たて》とせん。五気並《なら》びに至るに、吾、奚をか異なるとし、奚をか同じとせん。五言（音？）、人に在るに、孰《いず》れか之《これ》れが公（頌《しょう》？）を為《な》さん。

とある。天地の創造や構造に疑問を投げかけていく論述形式は、屈原《くつげん》の作とされる『楚辞《そじ》』天問に類比している。疑問の前提となる宇宙論、自然観には、陰陽、水火の二元論があり、天が降した五度、五気、五言（五音の誤記か）という「五」で括る数理もあったことがわかる。

郭店楚簡『大一生水』の生成論

郭店楚簡において、陰陽説、五行説の形成に深く関わる典籍は、『五行』『大一生水《たいいつせいすい》』『六徳』『性自命出』である。『大一生水』（『太一生水』とも表記される）では、『老子』四十二章の生成論を敷衍した萌芽的な二元論を展開する。同時に出土した三種の『老子』の写本の一つである丙本と竹簡の形状、書体が

よく似ており、両書がセットに読まれた可能性が指摘されている。

その冒頭には、次のように言う。

> 大一が水を生む。生み出された水が大一の万物造化の働きを輔佐し、そこで天ができる。天がかえって大一を輔佐し、そこで地ができる。天地が互いに輔け合い、そこで神明ができる。神明が互いに輔け合い、そこで陰陽ができる。陰陽が互いに輔け合い、そこで四時ができる。四時が互いに輔け合い、そこで寒熱ができる。寒熱が互いに輔け合い、そこで湿燥ができる。湿燥が互いに輔け合い、歳を生成して（生成の一サイクルが）完了する。

図４　太乙神（馬王堆帛書「太一将行図」より）

大一（太一）→水→天→地→神明→陰陽→四時→滄熱《そうねつ》（＝寒熱）→湿燥《しっそう》→歳という二元要素を続出させていく。大なる「一」は「水」を生み、大なる「一」と「水」から「天」、大なる「一」と「天」から「地」が生み出されるというのは、順に字画を増やして造字できる字形のイメージを重ね合わせているのだろう。「大一」とは大なる「一」であり、『老子』四十二章の言う「道」から生じた「一」である。後世になると「太一」「太乙」と称するから、整理者のつけた仮の書名も書き換えるが、上博楚簡でも「大清」「大虚」と「太」を「大」に作り、馬王堆出土の占術書でも「大一」という天神が登場するので、「大一」のままであってもいい。「大一は「水」のなかに身を潜めながら、四時を巡行する」と述べるので、後世の「太乙神」と同じような遊行神を想定する。

陰陽五行説との対比において、大なる「一」=万物の母から最初に生み出される根源的物質が「水」であるのも興味深い。五行説の「水」ではなく、天地、陰陽に分化する以前において、もっと初源的な混沌の海をイメージしている。「元気」「大清」という表現に対比させるならば、五行に分化する以前の「元水」「大水」である。また、天地、陰陽だけではなく、「神明」(天地の間の神的または霊的なものを指す)が加わり、「四時」が生じ「歳」となる間に、「滄熱」、「湿燥」を差し挟《はさ》む。根源的な物質に種々の位相を想定することで、多種多様な万有を生み出すことが可能になると考える。後世ではそのような拘りがなくなり、二元の要素は「陰陽」で代表させ、陰陽・五行や両儀・四象・八卦で一括《くく》りにする。

異なる位相の重ね合わせによる陰陽二元論は、『管子《かんし》』に窺うことができる。さらに、後世の陰陽五行説を用いた言説をよく見ると、そのような多面的な二元論を敷衍している。例えば、易や占術では陰陽とともに「神明《しんみょう》」「剛柔《ごうじゅう》」「内外」を重要概念とし、「陰陽」「寒暑」「湿燥」は、天の「六気」として一セットとなり、中国医学の病因論の理論的基礎となる。

生成論の一サイクルを、「歳」とすることも示唆的である。「(歳を)一周すれば再び始まる」とは、「終而復始」（終われば復た始む）という四時循環の摂理であり、その無限ループにおいて生成老死を繰り返す生命現象の摂理を体現する。「大一」は自分のことを「万物の母」とする。「一欠一盈」は、「日中則移、月満則虧、物盛則衰、天地之常数也」（『史記』蔡沢《さいたく》伝、『戦国策』秦策三、太陽は南中すれば傾き、月は満ちれば欠け、物は盛んになれば衰える、それは天地の常理である）とする日月の運行法則に見出される万物盛衰の常理を指す。だから、自己を「万物の経」（万物を貫く縦糸、万物統治の大綱）とする。万物の母であり、万物の経であれば、天地も、陰陽も手出しのできないものであり、知恵ある君子はそれを「道」と呼ぶ。つまり、万物造化の基本サイクルとなる「歳」が老子の「道」によってどのように生み出されるかを機能的に説明しており、道（タオ）の自然学と呼ぶにふさわしい。そのような考え方が基礎になって、年月日時のそれぞれの位相における周期的な循環サイクルを定式的に把握しようとして、陰陽五行説の理論的枠組みが形成される。

第二節　五行と六徳、天道と人道——思孟学派の五行説

郭店楚簡「五行」の徳行論

『大一生水』では「五行」はまだ登場せずに、二元論に終始する。しかし、当時において、五行説に収斂する思考様式が形成されていなかったわけではない。『五行』『六徳』という書名から明らかなように、五行説の胎動を感じさせる立論が見出せる。

郭店楚簡の書名は整理者が内容を踏まえて命名した「仮題」であるが、『五行』だけは第一簡の冒頭に記された「原題」である。それに先だって発見された馬王堆帛書の『老子甲本』巻後古佚書に「帛書五行篇」（仮題）がある。山東大学の龐朴《ほうぼく》氏が『帛書五行篇研究』において、「経」と「説」（経文の注解）からなることを明らかにし、荀子《じゅんし》が非十二子篇において批判する子思《しし》・孟子《もうし》（思孟《しもう》学派）の五行説であると主張した。この見解に対し、『荀子』『大戴礼記《だたいらいき》』『礼記《らいき》』の影響が指摘され、思孟学派の所説とすることに異論が唱えられた。魏啓鵬《ぎけいほう》氏の注釈書では書名を「徳行」と変更している（『馬王堆漢墓帛書《徳行》校釈』）。ところが、郭店楚簡『五行』の発見によって、「五行」という書名であり、成立年代が孟子と荀子の間にまで遡ることが判明した。また、馬王堆帛書の経文と合致し、経文を解義する「説」の記載は見当たらず、龐朴氏の仮説が十分に妥当性を有するものであることが証明された。なお、近刊の裘錫圭《きゅうしゃくけい》主編『長沙馬王堆漢墓簡帛集成』では、「五行」という書名を採用している。

『荀子』非十二子篇では、「五行」を用いた新奇な説を子思が唱え、孟軻《もうか》（孟子）が和し、愚蒙《ぐもう》な儒者が無批判に伝承していることを批判する。ところが、具体的内容は神秘なベールに覆われていた。郭店楚簡や馬王堆帛書の出現で、五行説が発進する思想的基盤に、思孟学派の「五行」説が大いに関与していることが明らかになった。しかも、五経と同様にして「経」に対する後人の「説」が附された書写テキストが漢初まで伝えられていた。

郭店楚簡によれば、思孟学派の「五行」とは、身の備えるべき徳目としての「仁義礼智聖」である。内的な「徳」とその外的な発露である「行」（行動、行為）という内外観を絡ませ、「仁義礼智聖」を実践する徳行論を展開する。「仁義礼智」の四行は、調和すると人道の「善」となり、「聖」を加えた五行が調和すると、天道に通ずる「徳」となり、君子の道（＝聖人の道）が立ち現れてくる。そのような「聖」の特別視は、人道と天道との対比において、賢者・知者と聖人（原文では「君子」）のランク付けを考えており、聖徳を修得した人物だけが天道に通ずることができるとする。

ここで言う「聖」とは、きわめて耳聡《さと》いことである。「耳目《じもく》聡明」「聡明聖智」という成語があるが、智と聖とを対比させ、智は目で見て見抜く知覚的な認識力であるのに対して、聖は聞き分ける聴覚的な洞察力とする。世の中の変動が目に見えない段階で、微かな徴候をすぐれた聴覚を発揮して聞き分け、来たるべき事態を察知してしかるべき措置を講ずる。そのような予知、予見の能力が、天道に通達した聖人なのである。

孟子の四端五行説

「仁義礼智」は孟子が強調した徳目である。性善説は、その四徳の端緒（四端）が人間の生来の心性として具わっていることを論拠にしたものである。徳行を実践することによって、四端を伸ばすことで、心性を磨き、四徳を体得することを理想とする。

『孟子』尽心下には、四徳と並記される形で天道に通ずる「聖」に言及がある。ただし、通行本では、「聖人於天道」に作るので気づかないが、もともとは「五行」の立論であった。

孟子曰く、口の味における、目の色における、耳の声における、鼻の臭いにおける、四肢《しし》の安佚《あんいつ》におけるは、性なり。命有り、君子は性を謂わざるなり。仁の父子における、義の君臣における、礼の賓主《ひんしゅ》における、知の賢者における、聖の天道におけるは、命なる。性あり、君子は命を謂わざるなり。

この議論は、五徳を口・目・耳・鼻・四肢の五官（五感）に対比させる。五官が味色声臭や安逸を感覚できるのは、本能的な「性」である。しかし、心を満たす快感を得るには、「命」（命運）に左右され、君子はそれらの議論に「性」（本性）は持ち出さない。一方、五行（五徳）にはそれぞれ父子・君臣・賓主（主客）・賢者の特定の人間関係や天道との繋がりが定められおり、それを具有するかどうかは天賦の命である。しかし、生得的な「四端」を伸ばしていくことで得られる「性」にほかならず、君子はそれらの議論に「命」（天命）は持ち出さない。このような身体の構造や器官との類比によって性命、徳行を考察する論法に、五行説が発進する胎動を感じさせる。

本性と天命（命運）は、性善説の徳行論でも中心的な論題である。

心を尽くすことができれば、性（本性）を（自覚的に）知ることができる。性を知ることができるならば、天命を知ることができる。心性を懐き、本性を養うことは、天に仕えることである。寿命の長短は天命によって決まっており、身を修めて寿命が尽きるのを待つのが、天寿の全うを人間の本分とすることである。

天寿を全うすることを哲学的命題の第一義に置く思想家は、老子に始まる。彼は、身の保全を最優先させ、文明主義、道徳主義による生き方に反抗する「反」の哲学を唱え、天道に離反する有意的な行為を廃して、自然の流れにそった無為を貫く隠遁の美学を説いた。孟子の場合も同様に天寿を全うするための養性思想をメインテーマに据えるが、天の「命」と人の「性」の間に、生まれつきの善なる心性に着眼した修養論を介在させたところに儒家思想の立脚点を見出している。「命」とは、天から賦与された「寿命」に加えて、宿命的に定まっている貧富貴賤の「禄命」をも含めている。したがって、命を授けた「天道」と四端、四徳によって「心」「性」を極め尽くす人道とに、侵犯しえない截然とした区別（天人の際）がある。ところが、聡明聖智な聖人は、天道の領域に達することができる。郭店楚簡『五行』において、「仁義礼智」の四行は人道、聖を加えた五行は天道である、または「智」は人道、「聖」は天道であると議論する思想的基盤には、孟子の性命論における「天人の際」が横たわっている。

孔子の集大成と五徳

『五行』には、『孟子』を踏まえると思われる論説がもう一箇所ある。孔子の集大成を論じた有名な一節を引用する。『孟子』尽心下では、名宰相として有名な伯夷《はくい》、伊尹《いいん》、柳下恵《りゅうかけい》と孔子を古の聖人として評価する。伯夷は、殷末に暴君に仕えることを潔しとせずに首陽山で餓死し、伊尹は夏末、殷初においてどんな王でも仕えて忠義を尽くした。柳下恵は、魯の国の直臣で、悪君に仕えることを恥とせず、裁判官として権力に阿《おもね》らずに正しき道を守って度々降格の憂き目に遭っても恨むことがなかった。その三人の聖賢に対して、孔子は仕えるべき時は仕え、止むべき時は止める理想的な行動をとった人物とする。そして、次のように言う。

伯夷は聖の清なる者なり、伊尹は聖の任なる者なり、柳下恵は聖の和する者なり、孔子は聖の時なる者なり。孔子は之れ集めて大成すと謂う。

そして、孔子が集大成したことについて、「金属で音声を発し、玉石を振って音を鳴らす」（金声而玉振之也）という楽器の演奏に喩える。金声は合奏を開始させ、玉音は締めくくる。そのように条理《じょうり》を開始するのは、「智」の役割であり、条理を締めくくるのは、「聖」の役割である。孔子は、伯夷、伊尹、柳下恵の「智」の徳を継承し、さらに「聖」の徳によって天道に繋がることで集大成できたと考える。

『五行』の「集大成」とは、五徳を体得して君子（聖人）となる道である。「金声而玉振之也」については、

金声は、善である。玉音は、聖（徳?）である。善は、人道である。徳は、天道である。ただ徳を身に具えてから後に「金声にして玉振す」という集大成ができる。

『孟子』の「金声」＝「智」を、「徳」（＝四行、人道）と言い換えるが、論旨はさほど変わらない。

さらに、弓術に喩える。「智」は技巧（功）、「聖」は力である。百里の外から的まで届かせるには、「聖」の力が必要である。しかし、的に当たるかどうかは、その力ではない（命運による）。従来の注釈では、的に当てるには、パワー（聖）だけではなく、テクニック（智）も必要だとしてきた。しかし、ここに喩える標的は、天の道である。だから、耳目聰明な「聖・智」を体得した人物（孔子）であれば、天道を知ることができる。しかしながら、「性」を尽くしたからといって、聖王になれるかどうかは「命」によるものであり、時運にめぐり逢わなければ、孔子がそうだったように不遇に終わる。

したがって、ここの議論も、前述した五徳説、性命論との一連の立論である。『五行』が「五徳」「聖智」とともに「集大成」「金声而玉振之也」に論及するのは、そのことを明示している。

後文では「智」と「聖」をめぐる議論を展開するが、徳＝四行（仁義礼智）を「智」で代表させていることがわかる。天道と人道との対比において、聖人だけが有する「聖」の徳目を考えるところに、思孟学派の五行説（五徳説）の特色がある。後で述べるように、五行説では「聖」が「信」に置き換わり、そのような主張は希薄になる。

六行説の素型

郭店楚簡には、整理者によって『六徳』と名づけられた著作もある。そこでは、聖智、仁義、忠信の三組を対にして「六徳」とする。『五行』の五徳と比べると、「仁義礼智聖」の「礼」に代わって「忠信」を入れる。そして、父子、夫婦、君臣の「六位」に六徳を割り当てる。

父―聖　子―仁　夫―智　婦―信　君―義　臣―忠

また、内外の区別を設け、六徳、六位を配する。

内　聖・仁・智　父・子・夫
外　義・忠・信　君・臣・婦

「父子」をともに内、「君臣」をともに外とするほか、「夫」を内、「婦」を外とするところから、血縁関係に着眼した立論であることを窺わせている。その関係性から導き出したのは、次のような社会道徳論である。

聖が仁を生み、智が信を率い、義が忠を使う。だから夫は夫として、婦は婦として、父は父として、子は子として、君は君として、臣は臣として、六者があるべき姿で職分を全うすれば、讒言《ざんげん》や阿諛《あゆ》などは生まれてこない（原文「讒諂蔑由作也」、「蔑」は「無」の誤字とする）。

「父父子子」「君君臣臣」は、儒家が家族道徳を重視し、それを君臣関係に及ぼせば秩序ある社会になるとする家族＝国家論の常套句である。『論語』顔淵篇の為政論、『孟子』に展開される仁義説、『荀子』の王制論に類縁性を見出すことができる。ここでは、「礼楽」「孝」といったやがて経書化されていく要素も織り込みながら、実践的な治身論に組み立てている。また、「六経」（詩・書・礼・楽・易・春秋）との関連づけも述べており、原始儒家思想の枠組みにあることが示唆される。

ところが、父子、夫婦、君臣を陰陽に配すれば、陰陽説になる。しかも、陰陽の二元論を三対にした六元になるから、「六行説」または易理における三陰三陽の配当説に繋がる発想を見出すことができる。したがって、陰陽や五行または六行によって自然哲学的な潤色を施せば、そのままで漢儒の唱えた陰陽五行説の素型に限りなく接近する。

最も類似するのは、董仲舒《とうちゅうじょ》の著作と伝えられる『春秋繁露《しゅんじゅうばんろ》』である。基義《きぎ》篇では、物には上下、左右、前後、表裏、美悪、順逆、喜怒、寒暑、昼夜といった「合」（対になるパートナー）があると述べ、その関係性を陰陽で代表させ、そして「君臣・父子・夫婦の義は、皆諸《これ》を陰陽の道に取る」と言う。『白虎通義《びゃっこつうぎ》』の三綱六紀説では、父子・夫婦・君臣を三綱とし、諸父・兄弟・族人・諸舅・師長・朋友を六紀とする。三綱については、次のような陰陽説によって理屈づけをする。君臣・父子・夫婦は、六者である。それを「三綱」と名づける理由はいったい何か。一陰一陽を道と言う。陽は陰を得て完成し、陰は陽を得て秩序立てられる。剛柔を対にして配合する。だから、六者を三綱とする。

三綱は天・地・人（＝三才）を手本とし、六紀は六合を手本とする。君臣は天を手本とし、模範とするところを日月の屈伸（日影の長短、月の満ち欠けなどの）に取り、（成し遂げた）功を天に帰着させる。父子は、地を手本とし、模範とするところを五行が（相生説に従って）交互に生み出していくことに取る。夫婦は人を手本とし、模範とするところを陰陽が合気して生命を成化させる端緒に取る。

六紀とは、三綱の紀（小さな綱）であるとし、下位概念としている。しかし、「六」は、「六合」を手本とすると論ずる。六合とは、平面構造である大地の五方（中央と四方）に対して、立体構造である天体の「上下四方」を指す。

「三」の下位概念で「六合」を持ち出すのは、少しカテゴリーエラーがある。五行説の浸透によって、漢代では六徳は「五常」「五常」「五性」などと称し、三綱五常（『春秋繁露』深察名号篇では「三綱五紀」）として定着する。そのために、三綱と六徳の結びつきが切り離されているのである。

五常の徳目

漢代の五徳（五常）の組み合わせは、「仁義礼智信」で固定化する。『五行』との比較では、「聖」が「信」

に置き換わる。『六徳』との比較では、「聖智仁義忠信」の「忠」と「聖」が消え、「礼」が挿入される。

郭店楚簡の両書において最も重要視されていた「聖」が忘れられ、中央に「信」が据えられるのは、陰陽説と五行説が結合し、陰陽五行説として広く認知されていく過程で、五徳、六徳をめぐる先秦思想の大きな変節である。

先秦の五徳説に「聖」が含まれていたことは、『荘子』胠篋《きょきょう》篇に展開される儒家の聖人論批判にも窺える。荘子は、聖人の道が善人だけではなく、悪人にも役立つものであり、世の中には善人よりも悪人が多いから、聖人の道がかえって世に害をもたらすことになることを力弁する。その喩え話として、大泥棒の親分（盗跖《とうせき》）が弟子に語った逸話を引く。

何事においても聖人の道というものがないことはない、そもそも当てずっぽうに屋敷のなかの蔵を憶測するのは、聖である。押し入るのに先頭に立つのが、勇である。ずらかるのにしんがりになるのが、義である。盗みがうまくいくかを察知するのが、知である。分け前を均等にするのが、仁である。この五徳が備わらないで大泥棒になった人物は、天下において誰もいない。

「聖人の道」として儒家の五徳説が大泥棒になるために不可欠なものであると揶揄したものである。その五徳は「仁・義・知（智）・聖・勇」であり、「礼」は「勇」となるが、「聖」を含む。大泥棒の聖徳は、たくさんの財宝がある蔵を見当つける洞察力とする。

郭店楚簡『五行』の「聖」の徳も、そのような洞察力を想定している。そこでは、きわめて耳聡いという原義に即して理解する。前述したように、「智」の徳が目で見て知覚できるレベルの聡明さであるのに対して、世の変化がはっきりと姿を現していない段階において、すぐれた聴覚を発揮してその胎動の微かな響きを聞き分け、来たるべき事態に対処する洞察力を言う。したがって、「聖」は「智」より上位にあり、「聖」を除く四行が人道であり、その体得者が知者、賢者であるのに対して、「聖」は天道に繋がる徳目であり、だから聖人という特別な存在が崇拝される。

『白虎通義』情性篇では、五常（五徳）を次のように解義する。

仁とは忍びないことであり、人々に生を施して慈しむ。義は宜しきことであり、決断して（真っ当でよろしき）中道を得る。礼とは履《ふ》むことであり、人としての道を踏み行い、彩やかな模様を生み出す。智とは知ることであり、独り先のことを見聞きでき、出来事に惑わされることなく、微細な徴候を見てこれから顕在化する事態を推察する。信とは誠であり、専一に思い、心を移すことがない。だから、人は生まれてきて八卦の体に応ずることができ、五気を得て五常の徳目を身に備える。

仁・義・礼・智・信がそれである。

ここの「智」は、郭店楚簡『五行』の「聖智」の両方の意味を持たせる。そのために、天道と人道という見方は薄らぎ、「聖」の徳によって天の道に通ずるという天人感応のダイナミクスはすっかり埋没してしまう。

また、「聖」に置き換わって中央に配する「信」は、人の言葉に偽りがなく、誠実であることを原義とするが、精神を一つに集中させる「精誠《せいせい》」の徳目としていることも注目される。「精誠」については、第二章第二節にて詳論する。そのような「信」の意味は、郭店楚簡『五行』の「慎独《しんどく》を守る」ことに通ずる。『中庸《ちゅうよう》』では、天の道に通ずるものとして、「至聖」という表現とほぼ同じ意味合いで「至誠」を用いている。「誠」と「信」は互訓する。そのように考えると、中央の「聖」が「信」に置き換えられることに、「聖」に接近した「誠」を介在させると、それなりの説明がつく。後世では、「信」が『中庸』の「誠」に近い意味で理解されることはなくなるが、『白虎通義』では古義がまだ残存しているのである。

以上のように、陰陽五行説の素材となる二元論、五徳説は、先秦思想の傍流に起こったものではなく、『中庸』『孟子』『荘子』などで議論されてきた中心的な論題を基盤とするものであった。そして、早期には様々なアイデアが工夫されており、後になればそれだけ当初の理念が薄められ、画一化した配当説に矮《わい》小化される傾向にあった。出土簡帛の新証言によって、陰陽五行説の起源をめぐる新事実が明らかになったのである。

第三節　刑徳を推す兵法——中国占術理論の起源

『管子』の刑徳論

先秦諸子の著作で術数学の基礎理論と関連性が深く、過渡的な論説が見られるのは、『管子』である。天文、音律、地質などの科学知識を基盤とする自然哲学が大いに展開されている。最も注目されるのは、『礼記』月令《がつりょう》などに展開する時令《じれい》説の先駆的な論説である。

時令説の考え方は、天地自然の大原則に従って四時の推移が定められており、その四時の巡りに合致させた政治を施行すれば福がもたらされ、国家は永続的な繁栄が得られる。合致しないで逆らうならば禍いが生じ、日月食、彗星出現といった災異現象が生起して傾国の危機に陥る。だから、国家の諸制度や法令は、自然の推移に従ったスタイルで行うべきであるとし、陰陽五行説における配当説に依拠して、季節ごと、月ごとに定式的に変化させようとする。

『管子』四時篇には、次のように述べる。

是の故に陰陽とは天地の大理なり、四時とは陰陽の大経なり。刑徳とは四時の合なり。刑徳、徳に合すれば、則ち福を生じ、詭《そむ》けば、則ち禍を生ず。然らば則ち春夏秋冬、将《は》た何をか行なわんや。五政苟《いやし》くも時なれば、冬事過たず、求むる所必ず得られ、悪む所必ず伏せらる。是の故に春に凋《しぼ》み、秋に栄《さか》え、冬に雷《かみな》り、夏に霜雪《そうせつ》あるは、此れ皆気の賊《ぞく》なり。刑徳、節を易《か》え次を失えば、則ち賊気速《すみや》かに至る。賊気速かに至れば、則ち国に災殃《さいおう》多し。

自然の大法則は「陰陽」であり、陰陽によって秩序立てられたのが「四時」とし、四時の推移に調和させた為政は、「刑徳」二字で代表させている。そして、漢代以降の立説ではすべてを陰陽で統言してしまうが、天地、日月、寒暑そして刑徳といった陰陽の異なる位相が持つイメージを活用して議論を組み立てる。

日は陽を掌《つかさど》り、月は陰を掌り、星は和を掌る。陽は徳たり、陰は刑たり、和は事たり。是の故に日食すれば、則ち失徳の国、これを悪《にく》み、月食すれば、則ち失刑の国これを悪む。彗《すい》星見るれば、則ち失和の国これを悪む。風、日と明を争えば、則ち失生の国これを悪む。是の故に聖王、日食すれば則ち徳を修め、月食すれば則ち刑を修め、彗星見るれば則ち和を修め、風、日と明を争えば則ち生を修む。

この立論は、単純な二元論ではなく、三元、四元に変形している。三元とは、天界においては「日・月・星」、国家においては「刑・徳・事（刑徳以外の諸事）」である。ここの「星」は、五星（五惑星）ではなく、「恒星」「彗星」の類である。通常は定まった星座に位置して動かないが、異変があると自由に動きまわる「彗星」となる。陰陽説として見た場合に、その組み合わせは中途半端な言説になっている。夏冬の寒暖が陰陽二気の作用であるのに対して、春秋の温暖は陰陽二気が調和した「和気」の作用によるものとして区別し、陰陽と四時が後世ほどに等価になっていないためである。中和の気（中気、沖気）を重んじるのは、老子の生成論を踏まえている。『大一生水』もそうであったが、陰陽、五行という要素だけに還元させず、「日月」「刑徳」といった要素を登場させるのは、抽象化の度合いが進んでいないことを明示する。

一方、四元とは、「日・月・星」に「風」を加えたものである。「風」だけには、他のように陰陽との関連づけがなく、「風」が「日」と「明」を争えば「失生」の国に罰が下るというのは、イメージしにくい。ところが、四時篇には「風」を根源要素として東方、春に配する五行説を唱えている。つまり、この四元説は、陰陽二元説を五行説に結合させようとしたものなのである。五行の配当説は、以下の通りである。

東方曰星、其時曰春。其気曰風。風生木与骨、
南方曰日、其時曰夏、其気曰陽、陽生火与気、
中央曰土、土徳実輔四時入出、以風雨節土益力、土生皮肌膚、
西方曰辰、其時曰秋、其気曰陰、陰生金与甲、
北方曰月、其時曰冬、其気曰寒、寒生水与血、

四方（東・西・南・北）、四時（春・夏・秋・冬）に配当される。中央には「土」を配して四方を統御させる役割を担わせる。四方の根源要素は、「木・火・金・水」の四行ではなく、「星・日・辰・月」である。前掲の四元によれば、「星・日・風・月」としてもよさそうであるが、「星辰」を二つに分け、「風」は除外する。そして、「陰」「陽」「寒」とともに下位の「気」のグループに入れる。そのために、風雨または寒暑ではなく、風寒という妙な組み合わせを選んでいる。また、陰・陽は南と西に配し、南・北に対峙しない。「木・火・金・水」は、「風・陽・陰・寒」から「骨・気・甲・血」という身体構成の基本部位とともに生み出されるとし、形而下に近い存在になっている。ところが、土だけは日月星辰と同じ最上位の概念であり、皮・肌・膚を生じる存在である。

そのように、概念が統一されずに、理論的な整合性を欠く。後世では陰陽五行を形而上の根源的な要素として単一化し、日月星辰や風よりも上位概念に置いて、徹底した配当説となる。まさに、過渡的な陰陽五行説である。

刑徳論から陰陽説へ

四時篇の独自性は、刑徳という政治の執行業務によって、四時に合致させた政治を集約的に言い表し、それを刑は陰、徳は陽と対比させることで、政治と自然界の天人感応的な関係性を図式化したところにある。「徳は春に始まり、夏に成長し、刑は秋に始まり、冬に流布する」とあるように、「陰陽」の陰陽消長の理を「刑徳」に置き換えていることが、きわめて特徴的である。それによって、具体的なイメージを保有させた議論を展開する。そこで考察対象に浮上するのが、先秦から漢初にかけて大いに議論された刑徳をめぐる言説である。

先秦から漢代にかけて、「刑徳」は為政の要諦を代表する概念として立論にしばしば用いられた。韓非子《かんびし》が明主が臣下を統御する手段として刑徳という「二柄《にへい》」があり、それらを自らが掌握しなければ君主の地位を危うくすると説いたのは、その典型的な事例である。そこで言う「刑徳」とは、「刑罰と慶賞《けいしょう》」、今日的な言い回しだと「アメとムチ」である。「徳」は「得」であり、「道徳、人徳」というニュアンスより、「福徳」を手に入れることである。したがって、刑徳は吉凶禍福を象徴する。

自然界の摂理を念頭に置く場合には、生長老死のサイクルにおいて、徳は繁茂、繁栄であり、刑は自然物に枯死、死滅をもたらす刑殺、殺伐である。そのような自然のメカニズムは、陰陽によって原理的に説明されるが、初期の段階では刑徳が陰陽と同様の役割を担った。というのは、刑徳のほうが道徳倫理と軍事法制という国家の二大機能を字義的に表象しているので、具体的イメージを喚起しやすかったからである。

道家、法家、儒家、兵家といった先秦諸子学派の枠組みを越えて刑徳をキーワードにした自然哲学的な言説や兵法、占術が大いに唱えられた。徳治政治を説く儒家的な立場だと、刑よりも徳を優先させるが、国家における軍事、刑罰の必要性を無視するわけにはいかない。そこで、その相補的な関係性を理屈づける仕掛けが必要である。その理論体系化を行ったのが、前漢の董仲舒である。刑徳論は、陰陽五行の配当説を基軸にした天人感応説や時令説が広く浸透する推進力の一つになった。ところが、漢代に陰陽五行が市民権を得て、理論構築の主役に躍り出るようになると、刑徳は役割を終え、表舞台にあまり登場しなくなる。

刑徳を推す兵法

刑徳論で異彩を放つのは、兵法に活用された占術である。『漢書』芸文志《げいもんし》には、兵書略の兵陰陽に分類した陰陽十六家の内容を概説して、

> 陰陽なる者は、時に順《したが》いて発し、刑徳を推《お》し、斗撃《とげき》に随《したが》い、五勝に因《よ》り、鬼神に仮《か》りて助けを為す者なり。

とあり、「刑徳を推す」という兵法があったことがわかる。刑徳と併記されている「五勝」は五行の相克説を指す。「斗撃」とは、同様の言い回しが雲夢《うんぼう》秦簡『日書』に見られる。すなわち、天神である玄戈《げんか》、招揺《しょうよう》が遊行する方位を玄戈撃、招揺撃とする配当説を掲げる。それによれば、「斗撃に随う」とは、斗神（北斗星の斗杓《とひょう》を神格化したもの）が指す方位に攻撃を仕掛けるのが戦いの鉄則であることを意味する。

兵家略、兵陰陽の書目には「太壱《たいいつ》兵法一篇」、「天一兵法三十五篇」以下の兵書が掲げられているが、直接に刑徳に関わる著作は確認できない。ところが、数術略の五行家には、「刑徳七巻」「五音奇胲《きがい》刑徳二十一巻」が著録されている。また、兵陰陽書と共通するものとして、天一・泰一・風后《ふうこう》といった天神の名を冠した占術書が数多く含まれる。「斗撃」と併記されている刑徳も、それらの遊行神と類比したものである。

『尉繚子《うつりょうし》』巻一、天官に、梁《りょう》の恵王《けいおう》が尉繚子《うつりょうし》に兵法の奥義を尋ねる。

私は、黄帝に刑徳という兵法があって、百戦百勝できると聞いているが、それはほんとうに存在するのか。

尉繚子の返答に、世に言う「刑徳」とは「天官、時日、陰陽、向背《こうはい》」であると答える。占術の技法を駆使して攻守の方位、日時を定め、陣形を組み立てる種々の兵法が、「刑徳」で代表させているのである。そうした兵法は正道ではなく、「城を高く築き、池を深く掘り、兵器を具備し、財や食料を十分に蓄《たくわ》え、豪士に統一的な戦略を行わせる」のが、黄帝が依拠する刑徳であり、「天官日時は人事に及ばない」という結論を導き出す。『尉繚子』は、実践的な手引き書ではなく兵法の理論書であるから、占いなどに頼らず、為政者として軍事の整備を怠るなと説くのは当然である。「天の時」「地の利」より「人の和」が勝《まさ》るというのは孟子や荀子が強調したところであるが、当時において「天の時を知り、地の利を知る」ことのできる「刑徳を推す」という兵法が戦争の常套手段として幅をきかせていたのである。

近年に発掘された出土簡帛には、占術書、兵陰陽書が多数含まれており、そこに刑徳の占術を見出すことができる。それによれば、刑徳は天を別々に遊行する一対の方位神である。その位置関係を推察して戦いの吉凶を占断し、攻守の戦法を立てたのである。遊行のサイクルは、六日ごと（小遊）、一ヶ月ごと（中遊）、一年ごと（大遊）の三種ある。『淮南子』天文訓には、大遊説、中遊説は見られるが、小遊説は載っていない。中遊説は次章で紹介する「日書」に見られるが、刑徳二神の運行方式は各書において相違があり、統一的ではない。また、大遊説、小遊説のまとまった論述は、馬王堆漢墓から出土した『刑徳』の三種のテキスト（甲篇・乙篇・丙篇）及び『陰陽五行』乙篇や北京大学蔵秦簡『日書』などに展開される。

刑徳遊行の数理

「刑徳を推す」という兵術は、歳ごとに移動する大遊説を念頭に置いたものである。二神が前後左右のどの配置に来るかによって占う。例えば、刑徳が揃って同じ方位にある場合、その方位に向かって戦いをしかけるのは大凶であり、刑徳を背負って正反対の方向に戦いを挑むのが大吉である、という具合である。

刑徳二神が遊行する方位の数理を簡略的に説明しておこう。馬王堆『刑徳』の刑徳説は、大遊説と小遊説の論述が入り交じっていて大いに混乱しているので、ここでは立ち入らないで、後世に受け継がれた『淮南子』天文訓の大遊説を取り上げる。

甲子歳に刑徳は東方に会合し、そこから一年ごとに別の方位を遊行する。その方式は、五行相勝（相克）の「勝たざる方位」に移動する。

東（木）→西（金）→南（火）→北（水）→中（土）→東（木）……

このままだと、刑徳はずっと一緒に運行することになるが、刑神については「刑は中宮に入ることができずに木に徙《うつ》る」という原則を立てる。

東（木）→西（金）→南（火）→北（水）→東（木）……

つまり、徳神は五方（東西南北の四宮と中宮）を巡るが、刑神は中宮には入らず、四方を巡る。すると、最初の四年間は同じ方位にあるが、五年目には徳神は中宮、刑神は東宮に移って離別し、十六年後に再び東宮で会合する。四と五の最小公倍数は二十であるから、二十歳で一巡りして再び元の位置（東宮）に復帰する。そのように、二十歳をサイクルとして「四合」を繰り返す。

この遊行方位は、「太陰の居る所」すなわち歳の干支に関連づけて定式化される。「太陰」とは、干支紀年法における「太歳」のことである。後世には「太歳」として知られるが、旧称は「太陰」「大陰」であった。徳神の「五方」は歳の十干（＝「日」）、刑神の「四方」は歳の十二支（＝「辰」）と対応させると、それぞれちょうど倍数になっているので、固定的な組み合わせになる。十干十二支と遊行方位を五行に置き換えると、**表2**になる。

徳神の場合、陽干（奇数番目の干）の歳は合致し、陰干（偶数番目の干）は相克説の「勝たざる相手」になる。このような陽干、陰干の関係は、「干合」と呼ばれる技法である。陰干は、「勝たざる相手に嫁《とつ》ぐ」とする。「乙」であれば、「勝たざる相手」の「庚」（金の陽干）に嫁いで妻となるとし、夫婦の娶嫁に擬える。そして、「乙」は「木」に配当されていても「金」の性質を帯びると考える。干合の数理は、相克と相生という五行説の二つの関係性を組み合わせたものである。十干の一般的な五行配当は、甲と乙、丙と丁のごとく隣り合う陰陽二干を一対として相生順に割り当てる。ところが、ペアになっている二組を引き離し、相克の順に割り当てると、陽干の五行は同じままであるが、陰干の五行は「勝たざる所」に置き換わる。それが干合である。

一方、刑神の遊行方位は、歳支の五行と三つしか合致しない。そのために、一見複雑に見えるが、四方の順行であるから、十二支を四支ごとに三分した組み合わせになっている。それは、「三合」と呼ばれる技法である。

三合とは、十二支を四方で分けるのではなく、寅、午、戌《じゅつ》というように、四つ隔ての三辰（円座標を三等分する位置にある三辰）の組み合わせを考える。すると、春の孟月（寅）、夏の仲月（午）、秋の季月（戌）という具合に、異なる季節の孟・仲・季の三辰が四組でき、仲月の干支がちょうどその方位に配当された五行になる。

申・子・辰（水の三辰）　亥・卯・未（木の三辰）
寅・午・戌（火の三辰）　巳・酉・丑（金の三辰）

この三辰の組み合わせが、三合である。天

表２

歳干	甲	乙	丙	丁	戊	己	庚	辛	壬	癸
五行	木	木	火	火	土	土	金	金	水	水
徳	○	金	○	水	○	木	○	火	○	土

歳支	子	丑	寅	卯	辰	巳	午	未	申	酉	戌	亥
五行	水	土	木	木	土	火	火	土	金	金	土	水
刑	木	金	火	水	木	金	○	水	木	○	火	○

文訓には、「木は亥に生まれ、卯に壮んになり、未に死す」と説明されるように、この三辰は生・壮・死の物質的な生成サイクルを反映させる。すなわち、いずれも前の四時の孟月で「生」、当該季節の仲月で「壮」、次の四時の季月で「死」となる。

この三合の五行配当で歳支を表して刑の方位と対応させると、火と金は合致するが、水と木の三辰は入れ替わる。

歳支	子	丑	寅	卯	辰	巳	午	未	申	酉	戌	亥
三合	水	金	火	木	水	金	火	木	水	金	火	木
刑	木	○	○	水	木	○	○	水	木	○	○	水

そこで、水の三辰を木の方位に、木の三辰を水の方位に変換すると、十二支と刑の歳支との配当説が得られる。

天文訓では、以上の数理を次のような歌訣《かけつ》（歌の形式にした奥義）にする。

徳は、綱日自ら倍因《ばいいん》し、柔日は勝たざる所に徙《うつ》る。

刑は、水辰は木に之《ゆ》き、木辰は水に之き、金、火は其の処に立つ。

綱日（剛日）とは陽干（奇数番目の干）、柔日とは陰干（偶数番目の干）のことである。剛日（陽干）の「自倍因（自ら倍因す）」とは、徳の遊行方位が歳干（陽干）の方位と同じになり、そこで重なり合うことを意味する。柔日（陰干）の場合には、「勝たざる所」に移動する。

刑神の場合、水は木、木は水に入れ替え、金と火はそのままにすることを詠んだものである。三合説において、水の三辰（申子辰）は東（木）に移り、木の三辰（亥卯未）は北（水）に移り、互いに入れ替わる。火の三辰（寅午戌）は南（火）、金の三辰（巳酉丑）は西（金）のままなので、そのまま自らの方位に立つと言うのである。

前漢の翼奉《よくほう》が得意とした風角術では、次のような歌訣になる。

木は落ちて本に帰り、水は流れて末に向かう（一に「東に趨《おもむ》く」に作る）、金は剛、火は強にして、各々其の郷に還《かえ》る。

草木は冬になって枯れると根本に落ちるので、末から本（＝北、水は木の母）に向かい、河川は水源から末へという方向の流れであるから、本から末へと東流する。金や火は剛強な性質だから、そのまま動かない。このような四行の物性をうまく利用した言説になっている。

以上のように、刑徳の数理は、刑徳という陰陽二元論と五行説の相生、相克、干合、三合といった技法とをうまく組み合わせた占術である。刑徳が占術の中心的な存在になるのも頷けるだろう。甲子歳、甲申歳、甲寅歳からの四年間は「四合」となり、その遊行方位には刑徳二神がともに鎮座する。だから、その方位に向かって戦いを仕掛けたりするのは大凶である。

さきほど「刑徳」という書名が歴代の書目から消えると述べたが、実のところ、大遊説の刑徳二神に関して、歳徳《としとく》、歳刑《さいぎょう》として暦注の上段に登場し、主役級の扱いを受ける。ただし、もともとは一対であったが、中世以降の暦注において諸神が寄せ集められた段階で両神の仲は引き裂かれ、徳神は歳徳として最も重要な年神に格上げされる。一方、刑神は八将神（太歳、大将軍、太陰、歳刑、歳破、歳殺、黄幡《こうはん》、

図５　歳徳と八将神（大将軍八神社所蔵の掛け軸より）

中央の歳徳神とそれを取り巻く八将神を描く。図の右下が歳刑神。陰陽道では、歳刑神は仏教や神道の方位神と習合する。

羅睺《らこう》、豹尾《ひょうび》）という方位神の一つに組み込まれる。そのために、刑徳＝陰陽に投影された初源的な数理は、埋没してしまう。

そうではあるが、現代社会においても、歳徳は最も中心視されている恵方《えほう》神である。正月に各家に迎える年神は、歳徳にほかならない。門松や鏡餅はこの神様が降り立つ依り代であり、正月に有名な寺社にお参りする初詣は近世社会の恵方詣《えほうまい》りが近代になって変容したものとされる。また、節分の習俗として定着しつつある恵方巻きは、この恵方神がいます方位を向いて、太巻き寿司をかぶりつく。そのため、遊行先の方位だけは今日でもマスコミやＷｅｂ上で喧伝されている。

正月の年神や節分の恵方神が歳徳であるという認識がどの程度定着しているのかは覚束ない。東アジア世界の年中行事や習俗の理念や信仰には、古代占術の諸技法に由来するものが含まれている。導き出された結果は大いに重宝され、長く受け継がれていくが、当初に発揮された思考や数理は見失われる傾向にある。それは、数理を秘伝扱いにする術数学の体質であるとともに、文化的伝統の継承にありがちな現象である。理屈を知らずに盲目的に信仰することが迷信であるとするならば、現代人のほうが無明長夜の暮らしを送っているのである。

占術理論の陰陽五行説

陰陽説、五行説が結合し、術数学の理論的基盤が形成されるのは、思った以上に早期であり、漢初までに骨子は出来上がっていた。しかも、陰陽説、五行説は、後世の紋切り型の配当説ではなく、音律や天文暦術、天地構造などの科学知識と結合させることで多元的な工夫がなされていた。

陰陽五行説を大いに活用したのは、種々の占術である。前章で言及した『刑徳』などの占術書はかなり専門的な内容であるが、各地で発掘された出土典籍には、占いを断片的に寄せ集めた「日書《にっしょ》」と総称される一群の資料がある。

「日書」には、出仕・兵事・嫁娶《かしゅ》・土功・医療等々に関する日選び（択日）や方位占など、雑多な占いの配当説を羅列的に掲載する。『史記』に日者《にっしゃ》列伝があるように、古代社会には「日者」と呼ばれる民間の占術家が活躍し、多種多様な方式の占術が編み出された。日書は、数理を解説した占術理論書ではなく、それらの技法によって導き出された配当結果を列記した手控えのマニュアル書、およびそこから転載されて集録した生活ハンドブック的な手引き書である。漢初には下級官吏の手引き書として配布された。内容的にきわめて通俗的な性格の書物であるために、『漢書』芸文志等の書目では採録せず、存在はほとんど知られていない。しかしながら、各地の発掘で多種のテキストが発見されており、実用書、情報誌として社会に大いに広まっていたものと思われる。今日に至るまで大量に出回っている「通書」「運勢暦」の類は、日書の後世版である。

出土した主要な日書は、九店《きゅうてん》楚簡、放馬灘《ほうばたん》秦簡、雲夢《うんぼう》秦簡、周家台《しゅうかたい》秦簡、孔坡《こうは》家漢簡などであり、類似した占いを数多く含むが、記載形式はバラバラで異なる配当説も少なからずある。経書や諸子百家の著作のように正統的な祖本があるわけではなく、転写されていく過程で、比較的自由な書き換え、増補がなされているように見受けられる。

暦注の事項である十二直（建除）、二十八宿、往亡《おうもう》、血忌《ちいみ》などの配当説も日書に掲載されており、占術理論の主要な手法が先秦まで遡ることが明らかになった。それらは、社会生活を円滑に送るための一つの行動指針を提供しており、迷信、俗信の罵声《ばせい》を浴びながらも今日まで受け継がれていることを考えれば、暮らしのなかに息づく古代人の知恵と言うべきである。

世俗に向かうベクトルは、文献には記載されることが稀であり、これまでほとんど注目されていない。しかし、陰陽五行説の数理は、漢代に政治思想に汲み上げられることに先立って、先秦方術が世俗化した日書の占いによって普及していたのである。

放馬灘秦簡『日書』の世界

日書は、多くは最終的に得られる配当説を記述するだけで、それを導くに至った数理的な説明はほとんどなされない。だから、理論的解析には向かないが、先秦方術の世界で科学知識がどのように応用されていたのかを知る有益な手がかりになる。その見地において、最も注目されるのは、放馬灘《ほうばたん》秦簡『日書』である。

甘粛省天水市東南にある放馬灘で古墓が発掘されたのは、一九八六年のことである。一号秦墓から四七二枚の竹簡が出土し、副葬品には地図を描く四枚の木牘《もくとく》が含まれていた。また、漢墓から紙の残片（長五・六センチメートル、幅二・六センチメートル）が見つかり、大ニュースとなった。書写材料としての紙は、後漢の蔡倫《さいりん》の発明とされてきたが、一九五七年に陝西省西安市の東郊外にある灞橋鎮《はきょうちん》から麻紙が出土し、前漢に遡ることが判明した。ところが、その用途は包装紙であったが、放馬灘紙には山河や道路などを示す線が描かれており、現存最古の紙と認定された。前漢の文帝・景帝期にすでに製紙技術が開発されていたのである。

出土した竹簡は、二種類の『日書』（甲種七十三枚・乙種三九二枚）と『志怪故事』（七枚?）に分類される。『志怪故事《しかいこじ》』（『丹』と改称）は、「丹」と呼ばれた人物が死亡して地下世界に逝った後に蘇生する小説である。『志怪故事』や木製地図は、志怪小説や地図の先駆けであり、放馬灘とともに現存最古の称号を得ている。しかし、放馬灘『日書』のほうも、科学史、術数学の見地において、それらに負けないくらいの学術的価値が見出せる。というのは、音律学の十二律、五音、天文暦法の星度（『漢書』律暦志に掲載する太初暦・三統暦の星度）、時刻制度といった中国科学の中心理論の配当説が整然と記載され、それを用いた占術が展開されているからである。

その内容を詳しく議論するのは別稿に譲りたいが、音律理論について概要を紹介すると、十二律の生成理論である三分損益法は、『管子』地員篇、『史記』律書、『漢書』律暦志上などに論述されている。

しかし、部分的に省略があり、不完全なところがある。ところが、放馬灘『日書』乙種は、正確な算定値、三桁の近似値の二種を掲げる。また、五音の五行配当説、六十干支配当説（納音《なっちん》）は、『礼記』月令などに見られる通説ではなく、『鶡冠子《かつかんし》』に掲載された組み合わせに合致し、古説が改変されていたことがわかった。

国家事業として度量衡の統一は重要なことであるが、古代中国では度量衡の標準化に音律の基準となる竹管（黄鐘《こうしょう》）の長さや容積を用いた。そのために、科学理論のなかで、天文暦法とともに音律は中心視され、両者が結合した「天文律暦学」が制度改革を主導した。放馬灘『日書』乙種には、音律理論や天文知識が占術に応用されていた。戦国末には天文律暦学が占術と結合しながら、術数学的な理論構築を進行させていたのである。

第四節　天の六気、地の五行——五行説の初源的数理

天の六気、地の五行

五行説は、五方、五色、五星、五常、五蔵、五音、五味というように、物類の種類や属性を「五」で類別的に整理する。ところが、「六」で括る言説もある。儒教のバイブルである「五経」（易・書・詩・礼・春秋）には、「楽経」を加えて「六経」という呼称があり、近世に至るまで「六経」「五経」が併称されるのが、その典型である。郭店楚簡においても、五徳と六徳が併存するように、当初から統一的ではな

く、どちらもある。陰陽説と五行説が合体して陰陽五行説が形成される過程において、「五」と「六」の両方を取り込む工夫がなされた。その基本的な考え方は、「天の六気、地の五行」という数観念にあった。

天に六気、地に五行があるとする概念は、天円地方の宇宙構造説に依拠する。古代中国では、天は円形、地は方形と考えた。大地は四角い平面であり、中央と四方で五分割できる。天は日月星辰の円運動に添った円形であり、上下四方（六合）の立体構造になっている。そこで、地の五行に対して、天の六気を措定する。そして、五行の中心に位置する「土」（地）によって、天に繋がることができ、「地五天六」の天人感応的な数理となる。

「地五」の数理は、五分割だけではない。四正四維《い》を考えると、八方に細分化でき、中央を合わせると九分割が導き出される。四方は四時と対応し、五方は五行の方位である。八方からは八風、九分割からは九宮、九州が導き出される。五の二倍は、十である。一から五を生数、五を加えた六から十を成数としたり、奇数と偶数を対にして五行に配当したりできる。したがって、地を方形とする「地方」の数理によって、四時、五行、八風、九州、十干といった基本概念が根拠づけられる。「地は五行」というのは、それを統括したものである。

一方、「天六」は上下四方の立体構造だけではなく、「天円」の平面座標も考える。円周上の分割では、四分割、八分割、十二分割という具合に多分割が可能である。中宮を含めると九州のような均分にはならないが、星座体系の場合には、天の赤道を東西南北の四宮に分け、北極星の周囲を中宮（紫微垣《しびえん》・

太微垣《たいびえん》・天市垣《てんしえん》）とする。円周上の分け方は、二→四→八のほかに、三→六→十二もしくは二→四→十二に等分できる。十二分割は、季節と方位（四時と四方、十二月と十二次）に対応できて都合がいい。そこで、方形の大地を五行→九州（九宮）とするのに対して、円形の天界は六気→十二分野という分野説を想定し、六気を天の数と見なした。「四」や「八」ではなく、「六」とすることには特有の空間把握があり、「六天」という分野説が唱えられた。それについては、後述する。

地の五、天の六は、天地を構造化する基本数である。それらを合わせると十一になる。北斗の七を除けば、十二までの自然数を包括的に投影させることができる。漢代になり、儒生を中心とする政治思想の場において陰陽五行説が大々的に唱えられるようになると、六気と五行の類比関係は単純化され、天も地も関係なく、「五」の数理に一本化され、「六」の推理は埋没する。そのために、「天六」に繋がる「地五」というアイデアは希薄になる。しかしながら、明確な形で今日まで引き継いでいるものに、医学理論がある。天地のミクロコスモス（小宇宙）である人体の構造は、天地に擬《なぞら》えて五蔵六府（五臓六腑）、五性六情であり、経脈は五陰六陽がふさわしいと考えた。したがって、鍼灸医術の基礎理論を展開した『黄帝内経』でも、五行説でありながら、「六」の数理を内包させている。陰陽五行説の多層構造を把握するには、「五」と「六」の数理を理解する必要がある。

時間・空間の把握方式

陰陽五行説の基本概念には、万物生成論とともに特有の時間把握・空間把握が横たわっている。陰陽五行は方位配当されることによって、空間を分割すると同時に、その空間座標に一日、一ヶ月、一年が当てはめられ、時間分割の座標にもなった。その座標に配当されるアイテムは、陰陽、五行に加えて、十干、十二支、さらに四神（青龍、白虎、朱雀、玄武）、八卦、二十八宿なども用いられ、多元的な時間・空間を創出する。

その時間・空間の把握方式について、新出土資料に含まれる占術にはこれまで知られていなかった豊富な情報が含まれる。空間分割の方式としては、馬王堆漢墓から出土した『刑徳』や『禹蔵図《うぞうず》』には興味深い方位図が掲載される（**図6**）。前者は甲子歳から癸亥歳までの六十年間に、太陰（後世の太歳）、徳神、刑神が遊行する方位をプロットする。後者は十二ヶ月における胞衣を埋める方位と寿命の相関図である。そこで用いられる方位図は共通するが、天の十二次を簡単に描く工夫がなされている。すなわち、正方形にまず十字を描き、東西南北を示し、さらに四隅にカギ型のマス目を描くことで、一辺を五等分する。両端を除くと、正方形のマスの一辺に三つのプロットが得られ（上辺で言えば、西南・正南・東南）、十二方位の座標ができる。つまり、フリーハンドで円を描くのは容易ではないから、正方形に十字とカギ型を描くことで、十二次の円座標を方座標に変換させているのである。

十二次の方座標は、四隅の角を数えると十六分割となり、五等分した二点をさらに二等分し、プロットを三から五、七と増やすことによって、二十四節気、二十八宿の方座標も描き出せることができる。

新出土資料によれば、古代の時制は、想像以上に多様であった。例えば、銀雀山《ぎんじゃくざん》漢簡『三十時』では、

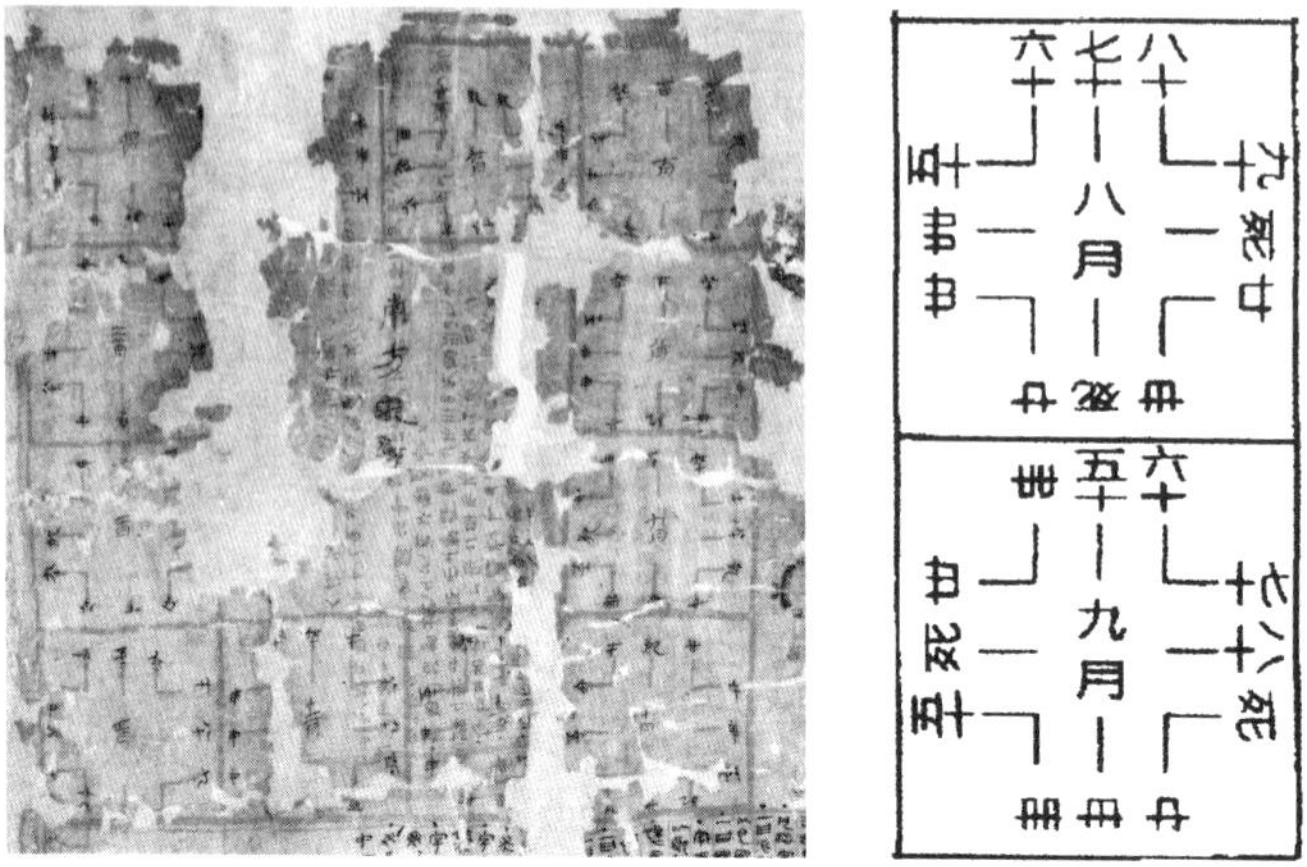

図6　（南方）禹蔵図（馬王堆帛書『胎産書』より）

出産した胎児の胞衣《えな》を埋める吉方、凶方を各月ごとに一覧表にしたもの。数字は、生まれてきた子供の寿命を示す。十字とカギ型を使って、十二辰の方位を表示する。文字に欠落があるが、揃っている七月、八月を拡大すると、右図（南が上、北が下）になる。それによれば、数理的な説明が可能である。

同時に出土した『雑療方』の禹蔵埋包図法によると、「大時」「小時」の二神がいます方位を避けて、産み月の数が多い方位に埋める。「大時」は、正月に卯（東）を起点とし、卯（東）→午（南）→酉（西）→子（北）の順序に時計回りに四正を順行し（九十度の移動）、四維の方位には遊行しない。「小時」は、斗神（月建の天神）と同じ方位で、正月に寅の方位にあって、各月ごとに時計回りに一辰を順行する（三十度の移動）。

例えば、七月、八月には、「大時」は子（北）から卯（東）に、「小時」は酉（西）から戌（西北西）に推移し、そこに埋めると、死ぬはめになる。「死」の次の方位の寿命は「二十」または「三十」となり、時計回りに「十」ずつ増えていく。「大時」「小時」が離れた方向にある場合には、「死」に出会うと増加はストップし、「二十」または「三十」から再び増える、という数理になっている。

この方式によると、二神の後ろの方位が長寿となるが、二神が離れている場合には、位置関係によってどちらのほうが長いかは変わってくる。後世において、この胞衣を埋める占術は受け継がれるが、簡略化されて最も吉方となる方位だけを記し、このような全方位の寿命を掲げることはなくなる。また、「大時」の遊行が時計とは逆回りの場合もある。

古代の占術は、初源的な数理のほうが確固たる理屈があり、かつ多様である。ところが、後世になるほど略式化され、配当結果だけが用いられて数理は見失われる傾向にあることを、はっきりと示している。

一年を三十分割し、十二日を一時とするものが見出せる。その場合、季節は四ではなく、五分割であり、七十二日（六時）を周期とする。馬王堆『刑徳』では、六日を小サイクルとして刑徳二神を四方中央に遊行させる（小遊説）。

そのような周期は、日の干支の推移を五行説で考えると、規則性が見出せるようになっている。すなわち、十二日の周期は、十二支が共通になり、甲子から始めると、甲子→丙子→戊子→庚子→壬子の「五子」の推移となる。六十日で一周するが、七十二日を周期とすると、甲子→丙子→戊子→庚子→壬子となり、十二日ごとの推移と同じになる。しかも、日支は「五子」であるが、日干は奇数番目の陽干であり、その五行は甲（木）→丙（火）→戊（水）→庚（金）→壬（水）となって五行相生順になる。

十二日を二節に分けた六日の小周期は、子午、卯酉という反対の方位（対衝《たいしょう》）に位置する組み合わせで、陽干が五行相克順で推移する。どういうことかを刑徳小遊説で説明すると、刑徳二神は六日ごとに次のような方位に遊行する。

甲子→	庚午→	丙子→	壬午→	戊子→	甲午→	庚子→	丙午→	壬子→	戊午	移動日の干支
東南	正西	西南	正北	正東	正東	西北	正南	東北	東南	刑神の方位
正東	正西	正南	正北	中央	正東	正西	正南	正北	中央	徳神の方位

移動する方位は、大遊説と同じく「勝たざる方位」、すなわち東（木）→西（金）→南（火）→北（水）→中央（土）の五行相克順である。ただし、徳神は中央に入るが、刑神は入らずに東に移動し、徳が来るのを待つとする。すると、移動日は必ず子午日になり、日干は、陽干が甲（木）→庚（金）→丙（火）→壬

（水）→戊（土）の五行相克順の推移になっており、日干支を考えれば、七十二日で一巡りする。したがって、六日ごとの相克順、十二日、七十二日の相克順の両方を用いた大小の周期で一歳の小遊を繰り返すことになる。

そのように、『三十時』の十二日、七十二日や『刑徳』の六日の周期説は、十干十二支や五行の相克順、相生順をうまく組み合わせた暦日になっている。占術理論の本領がここに発揮されているのである。

六天の分野説と孤虚法

空間概念で問題になるのが、「六気」「六合」の「六」の数理における空間分割である。「六気」「六合」との関連で、古来から「六天」という分野説があった。後漢の大儒、鄭玄《じょうげん》が六天説を支持し、経解釈に援用し、大きな波紋を及ぼしたことで知られる。では、それがいかなる空間を思い描いていたのか。実のところ、あまり判然としていない。一般的な分野説は十二州、九州であるが、六天は方円の均分では導けない。

先にも述べたように、六合は「上下四方」の立体構造と説明される。「五」よりも「六」の数理を重んじる『周礼』の構成は、天官、地官、春官、夏官、秋官、冬官であり、やはり「天地四方」である。経解釈における机上の空論では、厳密な構造モデルは不必要かもしれない。しかし、占術に応用しようとするならば、方位や時間が導けないと困るから、立体構造は平面化しているはずである。

考察の手がかりは、兵法に用いる占術の一つとして有名な孤虚《こきょ》の法にある。孤虚の法は、干支紀日法を用いた占術の一つであり、六甲の一旬ごとに孤と虚の干支を定める。その配当説は、日書に具体的な記載がある（放馬灘秦簡『日書』乙種、周家台秦簡『日書』、孔家坡漢簡『日書』）。

その配当説は、いずれも共通し、整理すると以下のようになる。

	甲子旬	甲戌旬	甲申旬	甲午旬	甲辰旬	甲寅旬
孤の方位	戌・亥	申・酉	午・未	辰・巳	寅・卯	子・丑
	西北	西方	南方	東南	東方	北方
虚の方位	辰・巳	寅・卯	子・丑	戌・亥	申・酉	午・未
	東南	東方	北方	西北	西方	南方

十二支を二つずつペアにして六方位に分け、六甲の一旬十日ごとに二支を孤と虚にそれぞれ割り当てる。『史記』亀策《きさく》列伝「日辰不全、故有孤虚（日辰全からず、故に孤虚有り）」に対する裴駰《はいいん》の集解では、その数理が簡潔に説明される。すなわち、十干の一サイクルである十日間において、割り当てのない十二支が二つある。例えば、甲子から始まる十日間（甲子旬）は、甲子、乙丑、丙寅、丁卯、戊辰、己巳、庚午、辛未、壬申、癸酉となり、戌・亥の二支が登場しない。そこで、十干が配偶されない戌・亥を甲子旬の「孤」とする。そして、孤と正反対（対衝）の方位である辰・巳を、「虚」とする。

孤虚の十二支と方位の関係において、十二支を配当した円座標（十二辰、十二次）で考えると、孤虚は六十度ずつ十二支とは逆回りに移動していく。ところが、占辞の方位は、子丑・寅卯・午未・申酉を北・東・南・西として扱い、辰巳・戌亥は東南・西北とする。つまり、円座標で六等分した方位を、方座標に置き換える時には東西南北の四正に東南・西北を加えた六方位としているのである。四維の西南・東北は考えず、東南・西北だけを用いている。

孤虚法の天門、地戸説

孤虚法は、兵法に活用された。その実践例が『後漢書』方術伝中の趙彦《ちょうげん》伝にある。後漢桓帝の延熹《えんき》三年（一六〇）十一月に、泰山の賊である叔孫無忌《しゅくそんむき》が琅邪《ろうや》の賊である労丙《ろうへい》らとともに蜂起し、都尉の侯章を殺害する事件が起こった。そこで、中郎将の宗資《そうし》が賊軍の鎮圧に派遣されることになったが、趙彦は宗資に孤虚の法に依拠して「孤より虚を攻める」ように進言し、さらに遁甲術を推し量って進軍の時期を教え、賊軍を撃破し、徐兗二州を一時的に平定させることができた。

『呉越春秋《ごえつしゅんじゅう》』巻五、勾践《こうせん》帰国外伝第八では、越王勾践十一年に越王が呉を伐とうとした時のエピソードに孤虚の法が出てくる。越王勾践は挙兵の策を計倪《けいげい》（又は計研、計然に作る）に尋ねた。

勾践「私は呉を討伐したいと思うが、打ち破ることができないことを危惧する。いち早く軍事行動を興したいので、ここに貴公にお尋ねしたい。」

計倪「そもそも出軍挙兵には、必ず国内に五穀を蓄え、金銀を充足させ、国の倉庫を満たし、甲兵を訓練しなければならない。およそこの四事には、必ず天地の気を観察し、陰陽を尋ね、孤虚を明らかにし、存亡を審《つまび》らかにしてこそ、敵を推し量ることができるのです。」

越王「天地、存亡などとおっしゃるけれども、その要諦はどのようなものでしょうか。」

京都の産物

献上・名物・土産

東　昇（京都府立大学教授）著

京都（京都府全域）の各地域を軸に、近世・近代に特徴的な「献上・名物・土産」という枠組みから京都各地の産物をめぐる歴史を語る。第Ⅰ部：献上で朝廷への鮎、宮内省への猪・鹿、将軍への鰤、藩主への鮴、第Ⅱ部：名物で天橋立の知恵の餅、京都の松茸、第Ⅲ部：土産で加佐郡の桐実、青谷の梅、宇治の喜撰糖、を語る三部構成。

■四六判並製・282頁　二、七五〇円

ISBN978-4-653-04564-9

詩歌交響

和漢聯句のことばと連想

楊　昆鵬（武蔵野大学文学部教授）著

詩と歌の融合によって題材の個性が増幅し、新たな価値を生み出す和漢聯句。和漢聯句の独自な表現と連想方法を丁寧に分析し、多岐にわたる高度な専門知識をもった作者たちの思いとその文化的・社会的背景を明らかにする。和漢聯句研究のみならず中近世文学研究に必読の一書。

■Ａ５判上製・420頁　五、二八〇円

ISBN978-4-653-04558-8

尾崎翠の詩学

山根直子（京都女子大学非常勤講師・同志社大学／同志社女子大学嘱託講師）著

大正末期から昭和初期にかけて活躍した小説家、尾崎翠。翠文学に存在する五つの鍵概念「告白」「象徴」「追憶」「分心」「対話」を用いて代表作「第七官界彷徨」とその連なる作品群「歩行」「こほろぎ嬢」「地下室アントンの一夜」を読み解くことで、尾崎翠がどのようにその詩学を創り上げたかを明らかにし、翠文学の魅力に迫る。

■四六判上製・[illegible]00頁　四、二九〇円

ISBN978-4-653-04563-2

石濱純太郎 大壺讀書記

映日叢書5

た石濱純太郎（一八八八―一九六八、雅号：大壺）の読書記を中心とした遺文を集めた。加えて、文字学や漢文、漢学に関する雑文、大阪の漢学の伝統について語る断章など、主著には採られなかった未刊行・未発表の文章を収録。『續・東洋學の話』に続き、石濱純太郎の業績と思いに迫る一冊。

■菊判上製・234頁　五、五〇〇円

ISBN978-4-653-04255-6

ヒンドゥークシュ南北 歴史考古学藪攷

桑山正進（京都大学名誉教授）著

新刊

第3巻「玄奘三蔵の形而下」

ヒンドゥークシュ山脈南北地方、そこは大文明の地ではない。しかし、ここを押さえる政治勢力は、中央アジアばかりか東アジアまで及び、歴史の経過は大きく影響を被った。この地域は、アジアの歴史の鍵鑰である―考古学調査と文献精読の成果（すべて未単行の論考）を結集し、全4巻に編む。

■第3巻　B5判上製・506頁　一六、五〇〇円

3巻：ISBN978-4-653-04593-9
ISBN978-4-653-04590-8（セット）

山田慶兒著作集

『山田慶兒著作集』編集委員会 編

新刊

第4巻「中国医学思想Ⅰ」

東アジア科学の総体あるいは個別理論に対して個性的な研究を展開し、思想史的アプローチによって科学文明の本質を探り続けた山田慶兒。単行本未収録の論文から未発表原稿まで、氏の学術的業績の全貌と魅力を明らかにする。主要著作は著者による補記・補注を加えそれぞれ定本とし、各巻に解題・月報を付す。

■第4巻　菊判上製・442頁　一六、五〇〇円

4巻：ISBN978-4-653-04604-2
ISBN978-4-653-04600-4（セット）

船山 徹（京都大学人文科学研究所教授）著

増補改訂

東アジア仏教の生活規則 梵網経

最古の形と発展の歴史

東アジア仏教徒の日々の生活規則『梵網経』。中国で偽作されたその「最古」の形を策定し、明確な意図をもって書換えられた経典の歴史変遷に迫る。未公開資料（日本奈良朝写本）の録文も収録。長らく入手困難であった初版に、唐招提寺蔵、覚盛願経『梵網経』の研究を収録した増補改訂版。

■菊判上製・552頁 一〇、五六〇円

ISBN978-4-653-04475 8

船山 徹（京都大学人文科学研究所教授）著

梵網経の教え

今こそ活かす梵網戒

現実社会に続く戦争とそこから生じる報復の連鎖にどう対処すべきか、いまこそ我々は古典の教えを新たに学ぶべきである―いまなお読み継がれる大乗仏教徒の生活規則『梵網経』。平易な現代語訳に基づき、その教えと特徴を解説する。混迷する現代の課題に本経の教えはどう応えるのか。『梵網経』下巻原文・全訳付。

■四六判並製・264頁 一、九八〇円

ISBN978-4-653-04476-5

諫早直人（京都府立大学文学部准教授）
向井佑介（京都大学人文科学研究所准教授）編

馬・車馬・騎馬の考古学

東方ユーラシアの馬文化

最新の考古学研究と理化学的分析の成果のもと、馬の家畜化から車輛の導入、そして騎馬遊牧まで、馬と人とが歩んできた長い歴史を解きあかす。人類社会における馬の役割とその重要性とは―馬を鍵として、ユーラシア諸地域の歴史・文化を横につないで理解するための新たな視座を提供する。

■四六判上製・312頁 三、五二〇円

ISBN978-4-653-04539-7

計倪「天地の気とは、物に死生があることです。陰陽を尋ねるとは、貴賤を計ることです。孤虚を明らかにするとは、（時運の）際会を知ることです。存亡を審らかにするとは、真偽を見分けることです。」

越王「死と生、真と偽とは何を言うのですか。」

計倪「春には八穀を植え、夏には成長させて養育し、秋に成就させて収穫し、冬に畜えて収蔵する。いったい天時において、春に生ずるのに種まきをしないのは、一つ目の死です。夏に成長するのに苗を育てないのは、二つ目の死です。秋に成就するのに収穫しないのは、三つ目の死です。冬に収蔵するのに畜えないのは、四つ目の死です。たとえ堯舜《ぎょうしゅん》の徳があっても、どうしようもありません。いったい天時において、春に生ずるのに、農事を勧めるのが年配者で、耕作するのが若者で、気を返すのに数理に適応させ、その道理を失わないのは、一つ目の生です。意を留めて省察し、謹んで雑草を除去し、雑草が除かれ苗が繁茂するのは、二つ目の生です。前もって準備し、稔るとすぐに収穫し、国に欠損した税がなく、民に損失した穂がないのは、三つ目の生です。倉をしっかり密封し、陳《ふる》いものを除き新しいものを入れ、君が楽しみ臣が歓び、男女がともに信頼しあうのは、四つ目の生です。いったい陰陽とは、太陰神が居ます所の歳が留息すること三年で、貴賤が現れます。いったい孤虚とは、天門、地戸を謂います。存亡とは、主君の道徳なのです。」

計倪の返答は、自然の巡りに順った農事を推奨して、国を富ませ、民衆に安楽な暮らしと主君への信頼をもたらすことで、敵を打ち破ることができるとするものである。「天地の気」「陰陽」「孤虚」「際会」

「存亡」「真偽」あるいは「太陰の所在」といった必勝の兵術のテクニカルタームをうまく織り交ぜて、国を富ませるための農業政策にすり替え、主君の道徳こそが国家存亡の要諦であると結論づける。さすが知謀の士として名を馳せただけのことはある。

際会（勝敗を分ける時運）を知ることのできる「孤虚」について、「天門、地戸」のことを指すとコメントする。郭店楚簡でも言及があった地理的世界観では、天が傾く西北には天門、地が傾く東南には地戸があると考えられていた。甲子旬の場合の「孤」は戌亥、「虚」は辰巳だから、ちょうど西北と東南に合致している。孤を背にして虚を撃つというのは、天門（＝孤、西北）から地戸（＝虚、東南）の方向に攻撃することを意味する。

以上のように考えると、六気説の空間構造は、「上下」を天門、地戸とし、西北に天界、東南に地下の世界に繋がる門戸があるとしている。つまり、六合の立体構造における「上下」は、天門の西北、地戸の東南に配置して平面化しているのである。後になると、東北に鬼門、東南に人門を増加させ、四正四維の八方向としてしまうので、初源的な数理は見失われる。日本の陰陽道では、鬼門をことさらに重視したが、「六合」の占術を駆使した先秦の占術師に言わせれば、邪道と言われてしまうかもしれない。

天は西北に傾き、地は東南に足らず

六気五行説の空間把握に、天門、地戸の天地構造説が関与しているとすることは、案外重要であるかもしれない。この地理的世界観は陰陽五行に関連する論説にしばしば顔を覗かせており、『楚辞《そじ》』天問、

『淮南子』覧冥訓《らんめいくん》などでは天地開闢の古代神話になっている。すなわち、共工《きょうこう》が天下の覇権を争って祝融《しゅくゆう》（一説に顓頊《せんぎょく》）に破れ、怒って不周山（西北にあり、天を支える八柱の一つ）に頭を激突させて天柱を折り、そのために天が西北に高く傾き、星辰がそちらに移動し、地が東南に欠けて百川が流れ込むようになったとする。中国大陸は、東から南にかけて方位（陽位）には海が広がり、西から北にかけての方位（陰位）には山陵地域が広がっており、北極星を中心とする天の回転軸も北寄りにある。そのような地勢のイメージから類推して、天地が傾いた世界構造を想起したのである。西北隅は天界の入り口である「天門」、東南隅は地下世界へと続く「地戸」となる。また、西北の不周山は、崑崙山に置き換わって大地の中心にある天の回転軸となり、崑崙信仰や北辰信仰を生み出していく。天地構造説は、天円地方の形状が天柱・地軸や天門・地戸とセットになっているところに妙味がある。

郭店楚簡『大一生水』においても、「大一」から「歳」に至る生成論に、西北、東南に傾いている世界構造説が織り込まれている。すなわち、天が西北方に足らないのは、その下地の形勢が高く、強大であるからであり、地が東南方に足らないのは、上天が低くて弱くなっているからであるとし、一方が不足する場合には他方が余りがあるという論理を導き出す。

有余、不足によるバランスという考え方も、中国的思考の重要なコンセプトである。『老子』七十七章で「天の道は有余を損して不足を補う」として議論され、天道に過不足を中和させる働きを考える。それが陰陽説に取り込まれ、陰陽の相補的な作用を想起させる。最も顕著な例は、鍼灸法を施術する際の補瀉《ほしゃ》療法の大原則となったことである。『素問』陰陽応象大論では、「天は西北に足らず」「地は東南に満たず」という命題が詳しく議論されている。陰陽の相補性は、中国的二元論を特色づける重要事項であるが、不周山伝説に語られた世界構造が大いに関与している。五徳終始説、陰陽主運説を創唱した鄒衍《すうえん》が、その世界構造に依拠して大九州説を唱えるのは、その近縁関係を物語っている。

第五節　灸経から鍼経へ——漢代鍼灸革命の道

六気病因論

「六」の数理による論説がはっきりとした形で登場するのは、出土資料を除けば、『周礼』と漢初に活躍した賈誼《かぎ》の『新書』くらいである。また、「地の五行、天の六気」の初源的な数理にもあまり手がかりがないが、『春秋左氏伝』昭公元年に記載される医和の六気病因論がある。この医説は、後世の医書にしばしば言及されており、五蔵六腑とともに疾病概念に重要な役割を果たした。

天には六気がある。それが降下して五味を生じ、(形色を)現して五色となり、(音声を)明らかにして五声となり、(調和を失い)淫らな状態になって六疾を生じる。

「六」(六気、六疾)と「五」(五味、五色、五声)が混在する広義の五行説(六気五行説)である。続く医和の説明では、「六気」は「陰陽、風雨、晦明」とし、「それが分離して四時となり、秩序立って五節となる」とし、六気の作用によって四時循環のサイクルを生み出すとする。病は、六気が度を過ぎた状態になるからであり、六疾を次のように説明する。

陰が淫《みだ》れると寒疾、陽が淫れると熱疾、風が淫れると末疾（手足の疾病）、雨が淫れると腹疾、晦が淫れると惑疾（神経性疾患）、明が淫れると心疾となる。

六気のうち、「陰陽」は四時の推移、すなわち太陽の年周運動（地球の公転周期）による一年の大周循環サイクルであり、「晦明」は月の満ち欠け、すなわち月（太陰）の月周運動（月の公転と地球の公転による月の会合周期）による一か月の中周循環サイクルである。「風雨」は、天候の変化をもたらす要因であり、しかるべき時候に吹くべき風、降るべき雨があると考えている。

天の六気がバランスを失って淫逸、横溢な状態を引き起こすと、病気になる。医和の所説は、六気それぞれの淫逸として寒と熱、四肢と腹部（内臓）、惑と心（今日風にいうと、脳と心）の六疾を掲げる。黎明期の病因論では、陰陽、風雨、晦明といった位相が異なる二元論的な陰陽説を組み合わせる。そこに三陰三陽の経脈や五臓六腑の概念が導入されると、内経医学への道が切り拓かれる。

五行六気の疾病観は、季節のめぐりを大自然の摂理とし、その変調が疾病をもたらすと考える。そこで依拠する生成論は、前述した郭店楚簡『大一生水』と同様に、太極→陰陽→五行→万物という単純化した形になる前段階であり、万物の構成要素や根源的物質にもっと多元的な変化を想定していた。多種の二元論や四時、四方の諸概念を踏まえた病因論が想起され、それを五行と六気で統言しようとしたのである。

灸経から鍼経へ

鍼灸医術は、術数学が形成されていく過程で、大いに理論的な飛躍を遂げた。鍼術、灸法では、鍼灸を施す部位であるツボ（経穴）の位置を理論化し、十二経脈という血気の流れる経路を想定する。十二経脈は、手足の三陰三陽に分けられる。三陽は太陽・陽明・少陽、三陰は太陰・少陰・厥陰であり、陰陽二気をさらに三つに類別する。その理論的な説明は『黄帝内経』に詳論される。

ところが、当初から手足の三陰三陽脈（十二脈）であったわけではないことが判明した。一九七三年末から七四年にかけて発掘された長沙馬王堆漢墓から大量の竹簡、帛書が出土し、そこに『足臂《そくひ》十一脈灸経』『陰陽十一脈灸経』（甲本、乙本）と命名された医書が含まれていた。その後、一九八四年に江陵張家山漢墓からも同類のテキスト（『脈書』の一部）が出土した。「十一脈」というのは、足の三陰三陽、臂（手）の二陰三陽を合計した総数なので、正確に言えば「五陰六陽脈」である。それらは、臓腑をターミナルとする流れになっているわけではないが、五行六気、五臓六腑と同じ数理から発想されていることは言うまでもない。

驚いたことに、『陰陽十一脈灸経』の十一脈の記載は、『霊枢』経脈篇にそっくり取り込まれており、十一脈説に手の厥陰脈を増やして十二経説に書き換えられていた。『黄帝内経』の前身となる医書の発見は、医学史の一大事件である。『霊枢』は、『素問』『太素《たいそ》』とともに『黄帝内経』の通行本であり、もとは「鍼経」と呼ばれていたことがあった。その経脈篇には、内経医学の理論的根幹に据えられた十二経脈説が展開されている。その記載が、実のところ灸経の十一脈説をパクって十二経脈説とし、鍼療法の基礎理論にすり替えていたことが判明したのである。黎明期の医療文化の存在を明示し、中国医学の形成史の定説を覆し、再考を促す衝撃的な大発見であった。

五蔵とは肝・心・脾・肺・腎、六府とは胆・小腸・胃・大腸・膀胱・三焦（他に異説がある）である。六府の字義は、六つの府庫（倉庫）という意味であり、『尚書』大禹謨《だいうぼ》に用例がある。

地平天成、六府三事允治（地平《たいら》ぎ天成り、六府三事允《まこと》に治まる）。

平成という年号の原拠の一つとして、すっかり有名になった一節であるが、夏王朝の始祖である禹が洪水を平定した時の有様を語ったものである。天災がなくなり、大地に穀物が成就するようになって、倉庫が満たされ、三事（正徳、利用、厚生）が整った。平成の世とは、そのような天下泰平の理想社会なのである。

この六府は、『春秋左氏伝』文公七年に「水火金木土穀」と説明される。「水火金木土」は相克順で記載されており、早期の五行説を変形して、穀を附加している。そこから推察すると、人体の六府とは、口から入った食物が穀気＝栄養分として吸収され、残滓《ざんし》が排泄《はいせつ》される経路を念頭に置いた立論にちがいない。

五蔵に追加して六蔵とした「心包」、六府の「三焦」は、解剖学的所見では存在が確認されない架空の臓器である。だから、五蔵なのに「六蔵」、六府なのに「五府」という曖昧さがずっと付きまとう。そのことについて、漢代の内経医学の研究者はすでに気づいている。『難経』三十九難では、「心包」によって無理矢理こじつけようとせず、腎臓が左右に二つあり、右側が命門であるから「六臓」とすることができ、五臓に帰属しない「三焦」があるために「五府」と言うことがあると説明する。経脈篇とは別の原理を用いているところに、十一脈から十二脈への改変が厳格なものではないことを示唆する。多義的な意味合いを含ませたままの臓腑観だったのである。

五死徴説から気絶説へ

経脈篇には、灸経の経脈説だけではなく、馬王堆『陰陽脈死候』、張家山『脈書』を改作した論説もある。張家山『脈書』の記述を掲げれば、次の通りである。

・およそ死の徴候を診断する場合には、（次の五つの死徴がある。）
唇が反り返り、人中（唇の上、鼻の下の間）が腫《は》れ上がると、肉が先に死ぬ。
歯茎《はぐき》が痩せて、歯がうきだすと、骨が先に死ぬ。
顔が黒く、目がまるくなり、斜視になると、血が先に死ぬ。
汗が糸を引くように出て、肌にくっついて流れないと、気が先に死ぬ。
舌がくぼみ、陰嚢《いんのう》が縮み上がると、筋が先に死ぬ。
・およそ（死の）徴候には（以上の）五つあり、一つの徴候が現れたなら、人を活かすことはできない。

肉・骨・血・気・筋の五つの要素を、人体を構成する根幹部分であるとし、それぞれが死滅に至る際の徴候を述べる。馬王堆医書『陰陽脈死候』にも、同一の記述がみられる。ただし、「血先死」と「気先死」の記述がそっくり入れ替わっている。『霊枢』経脈篇の記述は、『脈書』のほうに合致するので、経脈篇の依拠した灸経のテキストは、張家山医書の系統ということになる。

『陰陽脈死候』『脈書』では、この五死徴説の直前には、「三陽は、天脈なり、……三陰は、地脈なり、死脈なり……」という記述があり、三陰三陽脈との関連を想定していたと思われる。ところが、『霊枢』経脈篇では、経脈の気絶によって生じる死徴とする。

『脈書』の「肉死」に対応する部分を抜粋すると、次のようになる。

> 足太陰脈の気が絶えると、脈は肌肉に栄えない。脣と舌は、肌肉の本である。脈が栄えないと、肌肉が軟らかくなる。肌肉が軟らかくなると、舌が萎え、人中が腫《は》れ満ちる。人中が腫れ満ちると、脣が反り返る。脣が反り返ると、肉が先に死ぬ。甲（の日時）に危篤《きとく》になり、乙（の日時）に死ぬ。木が土に勝つからである。

『脈書』の記述をそっくり引用し、さらに足太陰脈の気絶によって、脈の活動が失われた肌肉が軟弱になり、肌肉の本である脣や舌に病変が起こるとして、肉死に至るメカニズムを説明的に加筆している。他脈についても、文字の異同はあるが同様であり、骨・血・筋の死徴が足少陰脈・手少陰脈・足厥陰《けっちん》脈の気絶によるものとする。ただし、手太陰脈の気絶説は、「気先死」の一節を用いないで、「毛先死」に置き換え、新たな一文を挿入する。

さらに、五陰脈、六陽脈すべての気絶説も想定する。しかも、五陰脈すべての気絶には、五死徴説の「血先死」の一部（「目圜、視離」）を用いて「志先死」とし、六陽脈すべての気絶には、「気先死」の一節（「汗出如絲、傅而不流、則気先死」）を用いて立論する（『難経』二十四難では「気先死」とする）。

つまり、『脈書』の五死徴説をすべて取り込み、「気」を「毛（皮毛）」に置き換えて手厥陰脈を除く五陰脈それぞれに配当し、さらに五陰脈、六陽脈すべての気絶説も増加させた改作を行っているのである。

経脈篇の気絶説に近似する論説は、『素問』診要経終論篇にみられる。そこでは、「十二経脈の終わりとはどのようなものであるのか、聞きたいのだが」という黄帝の質問に対して、岐伯《きはく》は三陰三陽の脈終説を語る。また、『霊枢』終始篇の末尾にも、会話形式ではないが同一内容の記述が収録されている。そのようなバリエーションが存在することが、依拠する古説があって、いくつかの改変が模索されたことを示唆する。

黎明期医学の五行説、六行説

馬王堆医書、張家山医書を振り返ると、黎明期の医学における五行説の具体的様相が窺える。『霊枢』経脈篇では、五死徴説の「肉・骨・血・気・筋」が「土・水・火・金・木」の相克順に並ぶとして、五陰脈とそれぞれ対応させている。これと類似する組み合わせが、五死徴説の少し後の記述に見られる。

いったい骨とは柱であり、筋とは束であり、血とは濡（液）であり、脈とは瀆《とく》（溝）であり、肉とは附くものであり、気とは呴く（はく息）である。だから、骨が痛むのは齘《き》るようであり、筋が痛むのは束ねるようであり、血が痛むのは漬けるようであり、脈が痛むのは流れるようであり、肉が痛むのは浮くようであり、気が動けば悲しくなる。
骨・筋・血・脈・肉・気がそれぞれ痛みを持った場合の徴候を述べたものである。そして、身体が危険な状態になるメカニズムを次のように説明する。身体は、筋骨によって支えられており、過度に食べ過ぎると、それらに付着する肉が肥えて、筋骨がその重みに堪えられなくなる。血気が過多になり、余剰の血気が腐乱して末端が閉塞すると、脈を通して心臓に逆流する。そこで、六痛の徴候をいち早く察知して、適切な治療を施さないと手遅れになると述べる。

この六痛説では、五死徴説の五要素に「脈」を加えた六要素「骨・筋・血・脈・肉・気」である。経脈篇の五行配当によると、「脈」を除いた五要素は「水・木・火・土・金」の相生順に並ぶ。六行説とするならば、「脈」は「血―火」と「肉―土」の間にくるので、東南の「地戸」または地脈をイメージした並びになっている。

馬王堆漢墓出土の『胎産書』には、別の系統の六行説が見られる。そこでは、禹と幼頫《ようひん》の問答形式で、受胎してから出産までの十ヶ月間にどのように胎児の身体が形成されるかを説明し、それぞれの時期における妊婦の食物禁忌や養生法を論ずる。最初の二ヶ月で脂肪状の膏、脂ができ、三ヶ月から九ヶ月までの間においては、胎児の成長は、天の六気（水火金木土にもう一つを加えた「六行」）を稟けることによって、胎児の身体が次第に形成されると考える。

この胎児発育論は、『諸病源候論《しょびょうげんこうろん》』『千金要方《せんきんようほう》』及び『医心方《いしんぽう》』に引く『産経《さんきょう》』にも同類の論説が存在する。隋唐医書に展開された論説で、『黄帝内経』『傷寒論』『金匱要略《きんきようりゃく》』などに関連しない場合、仏教医学の影響がしばしば指摘される。胎児発育論も仏教関連の著作によく似た言説が存在するために、その疑いがかけられていたが、『胎産書』によって黎明期の医学に遡及できることが明らかになった。また、妊娠三ヶ月目において男女の性別が決定されるとし、男女産み分けの方法を唱えており、漢代から盛んであった胎教がその理論に依拠するものであることもわかった。

『胎産書』のテキストには欠損が多いが、『諸病源候論』『千金要方』によって補充すると、六行と身体の構成要素との対応関係は、

水―血、火―気、金―筋、木―〔骨〕、土―〔膚革〕、〔石〕―毫毛

となる。並びは相克順の五行に「石」を加えた六行説である。「石」は「金石」と併称されて、五行の要素に扱われることがある。六天説で、土（地）を「地戸」の東南に配すれば、「天門」の西北に六番目の要素が想定されるから、「金」と同類の「石」が選定されてもおかしくはない。

五死徴説、六痛説の配当説と比べると、要素の組み合わせに「肉」はないが、「骨」と「毫毛」（皮毛）が生成する中間の形成物と考えれば、肌肉でも、膚革でも大きく違うわけではなく、後世の医説でもそれらは共通する。五行への配当は、大きく異なっている。「血」は液体であるから「水」であるが、色は赤だから「火」でもいい。だから、一義的に決めがたいところがある。『黄帝内経』との距離を考えると、胎児発育説は異端的ということになるが、『管子』四時篇において、風が木と骨を生じ、陽が火と気を生じ、土が皮と肌膚を生じ、陰が金と甲を生じ、寒が水と血を生じるとする配当説と近似する。初源的な医説では、「気」「血」「脈」が身体を構成する要素の一つになっていることが注目される。

「気」は肺呼吸によって取り込む気体、「血」は液体（血液、リンパ液）をイメージしている。「脈」はその経路であるとともに、筋・骨・肉及び末端の四肢に栄養を運ぶ役割である。だから、他の五要素に直接的に結合しており、各部位の異常は、脈に徴候が現れる。そこで、『脈書』では、五死徴説、六痛説に続く文（馬王堆『脈法』に対応する）において、「夫れ脈とは聖人の貴ぶ所なり」と明言し、脈による診断法、砭石《へんせき》によって脈を切開する法などを論述する。

身体の構成部位であった気・血・脈の役割をより重視し、さらに上位概念に引き上げると、『黄帝内経』から発進する内経医学の基礎理論となる。気血が脈（経絡）によって全身を周流するという身体観を用いて血気論、経脈説を構築し、「皮」「毛」「膚」「膚」「髄」などの他の要素に置き換えた五行説に改変したのである。

婦人病と虚労病

『脈書』『胎産書』では、気血や脈が抽象化しておらず、「五」「六」の数理が併存している段階の過渡的な医説である。気、血、脈に具象性がある分、鍼術、灸法の理論としては不完全である。しかし、『黄帝内経』の編纂によって、黎明期の医学がすっかり消え失せてしまうわけではない。『黄帝内経』には、統一的な書き換えがなされたわけではなく、古説を踏襲した論説が散見する。『黄帝内経』の理論構造が複雑で難解であるのは、灸経を鍼経に改変して、統合的な理論化を企てたが、五行説、六行説の改変が徹底したものではないことも要因の一つである。理論的整合性を欠いた中途半端な形になっていることは確かである。

他の分野ほどパターン化した陰陽五行説に塗り替えることができないのは、臨床によって得られる知見と治験に束縛されるから、思弁的な立場からの理論構築を完遂できなかったということである。したがって、基礎理論とするには厄介であるが、古説がすっかり破棄されずに新説と併存することによって、かえって多様な理論源となる。医学理論として有効に機能し続けるところに、漢初までの医療文化の水準の高さが窺える。

『胎産書』の胎児発育論は、間違いなくその代表格である。『黄帝内経』による理論的変革の網目をすり抜けて、中世の医薬書、養生書を通して近世以降まで受け継がれた。近代産科学が確立するまで、妊娠から出産に至る基礎理論として機能し、婦人病の医療を大いに発達させた。

中国医学の発進は、先秦養生思想の影響も見逃せない。その方面では、虚労病という中国特有の疾病がある。虚労病とは、過度な労働、不摂生による失調症、悩みや抑圧による心身症を総称したものである。

虚労病と婦人病が臓腑論を中心とする内経医学とは別系統の病理であることは、『金匱要略』巻上、臓腑経絡先後病脈証に明言がある。

五蔵にはそれぞれ十八の病がある。合計すれば九十病である。また人には六微があり、一微には十八病があるから、合計すれば一〇八病である。五労六極七傷や婦人三十六病は、その数の中に入っていない。

婦人病の医療は、きわめて先進的であった。『千金要方』で、婦人の病は男性と比べて十倍治療しにくいと述べて巻頭に婦人病を扱い、数多くの専著も成立したことがそのことを物語る。婦人病のなかでも、妊娠、出産に関する疾病は、東西を問わず、困難さが伴った。それは、受胎や胎児の発育のメカニズムが理解しがたかったからである。中国における妊娠期における胎児発育論は、医療器機によって胎内が観察できるようになった現代医学からみれば稚拙だったが、他の文明圏に比べてしっかりとした理論を唱えており、服用する食物、薬物の副作用や中毒症に十分な注意を払うものであった。

一方、「五労・六極・七傷」とは、虚労病になる原因を分類した病因論である。『黄帝内経』の五蔵論、経絡説、『傷寒論』の三陰三陽論、風邪論に比べると、虚労病への注目度は低い。しかし、今日風に言えば、生活習慣病、ストレス性疾患であり、老齢化、少子化が進む現代社会が各地域において最も取り組む疾病である。伝統医学は、死に至る病を克服した近現代医学によって片隅に追いやられてしまっている。そのために、現代医学から見放された人々を相手に困難な医療に挑戦している。しかし、代替医療としてマジカルヒーラーを演じることは、巫術から医術を分離させた扁鵲《へんじゃく》以来の医学的伝統が目指してきた道ではない。むしろ、内経医学の蔭で古説を継承し、発達させてきた婦人病や虚労病にこそ活路がある。

五労と六極

婦人病や虚労病について詳論したいところであるが、場違いなので、虚労病の理論も五行六気の古医説に依拠することだけを指摘しておく。五労、六極の病因論が依拠する身体構造は、五死徴説、六痛説に展開された五要素、六要素である。そのような「五労」は、『霊枢』九針篇に論説がある。

五労というのは、長い間視つづけると血を傷つけ、長い間横臥《おうが》すると気を傷つけ、長い間坐ると肉を傷つけ、長い間立ちつづけると骨を傷つけ、長い間歩きつづけると筋を傷つける。これは、久しい疲労で病になる五つのものである。

「五労」とは、長時間にわたって同じ動作をすることによって疲労し、病になるものであり、損傷する部位は五死徴説と一致する。九針篇では、五味が走る部位(「五走」)、その部位に病があれば五味を裁(断)つべきもの(「五裁」)でも、血・気・肉・骨・筋の組み合わせが見られ、「血」「気」を用いる古医説を残存させている。

この五労説は、『素問』宣明五気論篇、『太素』順養篇のほか、『養性延命録《ようせいえんめいろく》』服気療病篇に引く『明医論』、『備急千金要方』巻八一、養生などでも同様の論説が見られる。

隋の巣元方《そうげんほう》が編纂した『諸病源候論』では、巻三、四で虚労諸病をまとめて論じる。そこでは、「五労」は志労・思労・心労・憂労・痩労とあって、五死徴説とは異なっているが、類似する論説が「六極」のほうに語られる。すなわち、「六極」とは、気極、血極、筋極、骨極、肌極、精極とし、六つの身体構成要素が極まって虚損することで病を引き起こすと説明する。五死徴説や『霊枢』の五労説の五要素と合致し、それに「精」を加えた六行説となっている。

「六極」という術語は、古くは『尚書』洪範にみられ、夭逝(「凶短折」)、疾い、憂い、貧しさ、悪しみ、弱さの六者とする。馬王堆竹簡『十問』になると、虚労病の六極説に近づく。すなわち、禹の質問に対する師癸《しき》の返答にいう。

およそ政治の綱紀は、自身を治めることから始まる。血気が巡るべくして巡らないのは、塞殃《そくおう》（血気閉塞の殃《わざわ》い）といい、六極の宗である。この気血のつながり、筋脈の集まりは、廃亡させてはならない。……

そして、導引、房中術によって神気を治める道術の必要性を説く。隋唐医書の五労六極七傷説は、薬物による処方が同時に述べられていたが、『外台秘要』巻一七の冒頭に引く『素女経』四季補益方（『古今録験方』巻二五からの引用文）のように、房中術を論じた書でも主張された。その源流は、漢初以前まで遡れるのである。

ついでに附言すると、五労、六極の考え方は、延年益寿の基本理念となり、近世の養生書に転載されていく。日本では、貝原益軒の『養生訓』でも引用され、「腹八分目」の教訓となって世俗に浸透する。長生術、養生術の外丹（仙薬）、内丹（瞑想法）は、「道教医学」と呼ばれるように、内経医学の病因論、身体観とはかなり距離がある。そのためにあまり研究がなされていないが、理論ソースを馬王堆、張家山の医書、養生書に求めるならば、緊密な類縁関係が見出せるだろう。

蜀都からの新証言

以上のように、馬王堆、張家山の医書、養生書の出現は、『黄帝内経』の編纂において、前代の灸療法に用いていた十一脈（五陰六脈）の経脈理論を、そのまま剽窃《ひょうせつ》し、鍼療法を中心とする十二経脈説に作り替えたことを暴露した。中国医学の初期は灸法と薬物療法が中心であった。ところが、鍼治療を推進する医師達が台頭し、灸経から鍼経への大々的なパラダイム変換を敢行したのである。漢代の思想的変革と並行して、そのような鍼灸革命が興起していたことは、地下からの新証言が得られるまで、誰も気づかない隠蔽された大事件だった。

先秦から漢初に至る医薬学を振り返れば、『神農本草経』の本草学、『傷寒論』の薬物療法が先秦に遡ること、道家の養生思想の影響のもと、導引、行気等の身体技法や房中術などの養生術も包含する多元的な医療文化が開花していたことを明示した。そして、内経医学の発展によって目立たないが、虚労病の五労六極論や胎児発育論などのように先秦の医説が隋唐以降の医学にも連続して受け継がれており、理論的にも多元的な陰陽論、六の数理を含む五行説など、注目される言説が窺えた。

そのような見逃されていた黎明期の医学に、近年に馬王堆医書と同規模の医学関連資料が発掘され、ホットな話題になっている。すなわち、二〇一二年七月から二〇一三年八月にかけて発掘調査された四川省成都市金牛区天回鎮の前漢墓（通称、老官山漢墓）から医薬学関連の竹簡（医簡）と「漆人《しつじん》」と呼ばれる木製経穴人形が出土した。中心街から北北東に二十キロくらい離れた郊外で、近くにはパンダ基地（成都大熊猫繁育研究基地）がある。見つかったのは、四基のうちの三号墓であり、二号墓からは機織り機の模型が出ており、成都の「蜀中の宝」と称される蜀錦の産地ならではの埋葬品であった。一方、三号墓埋葬時期は、前漢の武帝期とされ、埋葬者は医師か医薬を司る役人と推定されている。

経脈、絡脈やツボ（経穴）の位置を描いた人形は、銅製、木製ともに「銅人《どうじん》」と総称されたが、その起源は『黄帝内経』よりも以前に遡り、しかも灸療法に用いるものであった。その発見に先立ち、一九九二年二月に成都から北東に百キロほど離れた綿陽市永興鎮の双包山前漢墓からも黒漆人形が出土している。人形の身長は二八・一センチで、縦に走行する十本の経脈線（左右対象に各九本、背部の中央に一本）が描かれているだけである。一方、老官山前漢墓のほうは身長がわずか十四センチの小型人形であるが、綿陽の経脈人形とは比べものにならないほど複雑な曲線が縦に横に走行し交叉する。しかも、経脈は紅線と白線に色分けされる。十一経脈（五陰六陽脈、後の十二脈）を主脈とし、任脈《にんみゃく》、帯脈《たいみゃく》に相当する支脈があり、督脈《とくみゃく》が描かれていないと比定する。線上には一〇六箇所の腧穴《ゆけつ》がはっきりとプロットされており、さらに心・肺・肝・胃・腎の臓腑や盆《ぼん》・奚《えん》・夾淵《きょうげん》の身体部位が陰刻されている。まさに経脈と腧穴の動態モデルとなっており、その精巧さは近世に製作された銅人形と比べてもまったく遜色がない。早期から複雑な気の流れをシステマティックに追究していたことは、驚くばかりである。

出土した竹簡の数は九五〇余枚、総文字数が約二万字であり、状態のいい七三〇枚は『逆順五色脈蔵験精神』（これは原題、以下は整理者による仮題）『脈書・上経』『脈書・下経』『治六十病和剤湯法』『刺数』の五種の医書と法律文書に類別でき、残簡に「医馬書」「経脈書」などが含まれる。整理者の報告によると、字体には篆書に近似したものが含まれ、書写年代が秦漢の際まで遡るものがあるらしい。語り手に「敝昔」（扁鵲）が登場するので、『史記』倉公伝に記載される「黄帝・扁鵲の脈書」に関連する一群の医書を含むと考えられている。さらに、鍼を用いた刺法に関する論述があるとのことなので、灸療法から鍼療法へと転換していく漢代鍼灸革命の前夜にどのような医説が成立していたのかがわかる。現段階では論述の一部が公表されているだけで、全容ははっきりしていないが、馬王堆、張家山から『黄帝内経』、甘粛省出土『武威漢代医簡』（後漢、紀元五〇年前後）に至る間の空白期を埋める貴重な史料であることは確実である。

この発掘からもわかるように、今後も地下に眠る古代文明の証言が出てくるたびに、正史などの伝世文献が記録してこなかった新事実が浮かび上がる。したがって、本書の考察もあくまで中間報告にすぎないが、自然学や占術の理論形成が想像以上に早期に大きなピークを形成していたことは動かない歴史事象として提示しておきたい。

第二章　物類相感説と精誠の哲学

第一節　同類、同気の親和力――天人感応のメカニズム

中国的自然哲学の形成

漢代思想に陰陽五行説が大々的に導入されるようになるのは、天地自然と人間社会との相互関係、いわゆる天人感応説が政治思想の中心的な論題に担ぎ出されたことが大きい。ところが、術数学の概念装置が自然探究にどのようなベクトルを生じさせ、人々の生き方、考え方にいかなる思考様式をもたらしたのかという問いかけに対して遡及的な考察を試みようとすると、天人感応説には政治思想、統治術とは異なる位相があることが察知される。

中国の自然哲学のバイブルと言えば「老子」と「易」、その理論づけは陰陽五行説、という通説に異を唱える者はおそらく誰もいないだろう。しかし、『老子』『易』という書物に展開された始原的な哲理がそのまま敷衍されて自然哲学の思想構造が構築されたわけではない。両書の成立段階ではまだ五行説が確立しておらず、論理の組み立てに五行説を用いたわけでなく、後付けの注解である。換言すれば、人々が思い描く老子の教え、易の数理は、伝存するテキストから抜け出て独り歩きしており、後世になればなるほど自然哲学のアイデアが両者に仮託されていく。したがって、両書の原旨や注釈書をまさぐ

るだけでは理論的核心に迫ることができない。別の角度からの考察が必要である。

先秦から漢初には、様々な方向性を有する自然哲学的な言説があった。『管子《かんし》』『呂氏《りょし》春秋』『淮南子』『韓詩外伝《かんしがいでん》』などにまとめられ、董仲舒《とうちゅうじょ》の『春秋繁露《ばんろ》』、王充《おうじゅう》の『論衡《ろんこう》』や緯書に受け継がれている。そこには、物類の感応現象をめぐる多彩な思索を繰り広げていたことが理解される。それは広義の陰陽五行説に含まれるが、中国的自然哲学のユニークさを際立たせている。

二　物間の同類相感現象

天地の間に存在する事物を類別的に把握し、その生成変化する現象や相互関係の摂理を洞察することで、人間の生き方、社会のあり方を考えようとすれば、「類推《るいすい》」という思考様式に主軸を置くことになる。当時の人々が自然をどのように把握し、そこに何を見いだそうとしたのかは、類推に援用する具体的な事象とその根拠づけの言説に示唆的に語られている。

自然界の様々な存在と現象は、「物類《ぶつるい》」と総称される。「物類」とは人間をも含む動植物であるが、薬用に用いられた鉱物をはじめとする無生物及び日月星辰、山川、風雨等々、自然界の事物、現象を包含した広い意味で用いられる。物類の生態的な特性や相互作用に着目して、類推思考を大いに展開している代表的著作は、『淮南子』である。

『淮南子』は、漢の高祖の孫で淮南王《わいなんおう》の劉安《りゅうあん》（前一七九頃～前一二二）が召し抱えた食客に編集させた著作である。多彩な言説を寄せ集め、道家色に染めて統治術や人生哲学を論述する。そこには、天地の構造や動植物の生態などの自然に関する知識が満載される。その論説は、自然をありのままに記述するという博物誌の立場で書かれたのではなく、自然界の関係性をアナロジーとして人間社会での統治法や処世術を分析的に論じようとしたものである。だから、体系的な自然認識が語られるというわけでなく、様々な知見を断片的に書き散らしているが、物類の定式的な理解と自然哲学的な思索を方向づけるうえで、大きな作用を発揮した。とりわけ、注目されるのが、類推をめぐる言説である。自然学や占術の理論ベースと共通する思想基盤になっており、中国的思考の素型を生み出した。

中国的類推思考の出発点は同類の相互関係からスタートする。陰陽説で一般的によく知られている関係性は、陰と陽の相互作用である。ところが、物類を陰陽二類に大別し、陽と陽、陰と陰の同類における感応関係を想定する。

『淮南子』天文訓では、天地の構造、天文暦法、音律の理論的な説明を行うが、以下のような論説を差し挟む。

羽毛のある鳥獣は飛んだり走ったりする類であるから陽に属し、殻鱗《かくりん》のある虫魚は地に伏し水に潜る類であるから陰に属する。日は陽の宗主であり、そのために群獣は春から夏にかけて毛が抜け、夏至、冬至に麋《び》（大鹿）・鹿の角が脱け落ちる。月は陰の宗主であり、そのために月が虧けると魚の脳《はらわた》は減り、月がすっかり晦《くら》くなると蠃蛖《らぼう》（大蛤）の肉はやせる。

物類は、陽類と陰類に大別できる。陽類の代表は太陽であり、陰類の代表は月である。陽類である獣の体毛や鹿の角が時節に従って生え替わるのは、太陽の運行と連動し、夏至、冬至に極まるからであるとする。太陽の運行によって、寒暖の推移、昼夜の長さがもたらされることに気づけば、一年を周期とする動植物の生態的な変化を、太陽の作用と考えるのは当然の成り行きである。月を太陽と対比させると、月の満ち欠けによる一ヶ月の変化に呼応した現象が陰類の仲間に起こることになる。そこで、注目したのが、海の生物である。魚貝類は月とともに盛衰し、月が欠けると魚の腸や大蛤の肉も痩《や》せると考える。

この同類相感現象は、他篇でも論及されている。説山訓では、日月と地上の生物は、遠く距離が離れているにも関わらず、相互に感じ合うことができる。それは、「気」の作用であるとし、その典型に月と貝類を掲げて言う。

月が上で盛衰すると、蠃蛖は下に応じる。気を同じくするものが相動くのに、(二物の距離が)遠すぎるということはない。

自然界には、雑多な出来事が存在するが、なかには二物間の不思議な感応関係が見出せるものがある。その現象を把握するのに、陽と陽、陰と陰の「同類相感」「同気相動」の原理を当てはめようとするのである。

興味深いのは、論拠によく知られた物理現象を引き合いに出してくることである。天文訓では、陽燧《ようすい》(銅製の凹面鏡)は日にかざすと、艾が燃えて火が得られ、方諸《ほうしょ》(大蛤で作った杯盤)は月にかざすと、結露によって水が得られるという物理現象を具体例に掲げる。そして、「物類が相動し、本末が相応じる」からであると結論づける。また、覧冥訓でも相感現象を詳論するが、手に持った陽燧、方諸が遥かに離れた日月から水火をたちどころに招き致すことができるのは、陰陽の「同気相動」であるからだと説明する。

自然界に生起する現象で、はっきりとした類縁関係を感じさせるものがある。それらに凹面鏡の発火や、杯盤の結露を典型として物類相感、同気相動の現象として原理的に把握しようとしたのである。さらに、磁石が鉄を引きつける磁性、琥珀《こはく》が芥《あくた》を引き寄せる静電気、葵《き》（ヒマワリ）が太陽に向かう向日性などの性質も同様に理解する。それらが物理、化学、生物学の研究の立脚点になるのは、言うまでもない。

そのような身近で観察される物理現象や動植物の性質によって、相感関係を根拠づけることで、同類相感の仮説は信憑性を高め、説得力を持つ現象把握の原理となった。そして、類推を推し進めることで、物類の様々な相互関係に適用するようになる。そこから天界と人間社会、自然と人体を結びつける漢代以降の天人相感説が語られるのである。

類推思考の自然学

同類相感という把握方式は、先秦諸子の言説にすでに見られるものである。『易』の乾卦、文言伝に孔子の言として次のように言う。

同声相応じ、同気相求む。水は湿に流れ、火は燥に就く。雲は龍に従い、風は虎に従う。聖人作《た》てば万物睹《み》る。天に本づく者は上に親しみ、地に本づく者は下に親しみ、則ち各々その類に従うなり。

冒頭の句は『荘子』漁父《ぎょほ》篇に「同類相従い、同声相応ずるは、固《もと》より天の理なり」とあり、「水は湿に流れ、火は燥に就く」は『荀子』大略篇に「薪を均しくして火を施せば、火は燥に就き、地を平らかにして水を注げば、水は湿に流る」（均等に並べた薪に火をつけると、火は乾いたほうに燃え広がり、平らな地面に水を注ぐと、水は湿ったほうに流れていく）とある。『易』文言伝では、典型的な「同類相従」の現象として、「雲は龍に従い、風は虎に従う」という一節を付加する。『楚辞』哀命にも「物類の相感」として「虎が嘯《うそぶ》くと谷風が吹き、龍が高く舞い上がると景雲（瑞雲）が連なる」と語られており、古くから唱えられた神的な生物（龍虎）と自然現象（風雨）の感応関係である。

『呂氏春秋』『淮南子』『春秋繁露』では、そのような現象把握の方式を敷衍し、天地自然と人倫社会を貫く法則性を汲み出そうとする。『淮南子』天文訓では、「虎嘯けば風生じ、龍挙ぐれば雲連なる」に加えて、さらに類推を推し進め、次のような事例を挙げる。

・麒麟《きりん》が闘《たたか》うと日月食が起こる。
・鯨魚《げいぎょ》（大魚）が死ぬと彗星が現れる。
・蚕が糸を吐《は》くと商音の弦が切れる。
・賁星《ふんせい》が落ちると勃海《ぼっかい》（大海）が溢れる。

覧冥訓でも同様の言説が見られる。天文訓の蚕糸と商弦、鯨魚と彗星の感応に加えて、次の二例を挙げる。

・東風が吹くと酒が発酵する。

・描いた灰の円に従って、月暈《げつうん》が欠ける。

さらに、晋の張華の『博物志』になると、

麒麟が闘うと日食になり、鯨魚が死ぬと彗星が現れ、嬰児《えいじ》が泣くと母の乳が出、蚕が糸を吐くと商音の弦が切れる。

とあり、季節のめぐりによる自然の変化という視点を離れ、嬰児の泣き声で条件反射的に母乳が出ることにも物類相感説を適用するようになる。

もちろん科学的な合理性を有する現象ばかりではない。当時の天文占、雲気占において想定された日月食、彗星や雲気と地上との類比関係、呪術的な操作による不思議な現象なども当然のことながら含まれる。「描いた灰の円に従って月暈が欠ける」というのは、高誘注によると、蘆草を焼いた灰で円を描いた後で、円周の一部を消すと、天空の月暈（月の周囲にできる環状の光輪、月光が薄雲の氷晶に屈折、反射することでできる）も欠けることである。

また、古くなった楽器の商音の弦が切れるのは、蚕が繭作りを始めたからとするのは、奇異な感じがするかもしれない。覧冥訓の高誘注では、蚕が新しい糸を吐く頃には古い糸はもろくなっており、商音は五音のなかで最も細く、きつく張られている、だから弦が切れると説明する。そのような合理的解釈をできるだけ試みる向きがあり、超常現象をことさらに強調したいわけではない。ただし、時節の巡りがもたらす自然発生的な自然現象ではなく、新旧の糸が互いに感応しあう有意性を明らかに想定しており、その視界の先にはモノとモノ、モノとこころを繋ぐ親和力を「気」によって定式化しようとする自然哲学的な試みがある。

物類相感現象の五行説的注解

漢代思想で強調された天人相関説は、陽と陰の相互作用として理解され、「陰は陽に従う」「陽が唱え、陰が和す」という原則によって、君臣、夫婦の主従関係の唱和が導き出される。その考え方は、近世、近代の儒教イデオロギーでも大いに強調され、弱者、女性に対する封建主義的な差別意識を助長したとして批判される。ところが、物類相感説は、陰と陰、陽と陽の「同類」による呼応関係、共鳴現象である。当初の自然学では必ずしも陰に対する陽の優位性を主張するための言説ではなかったのである。

物類相感のメカニズムは、陰陽同類の感応関係で説明されるから、素朴な陰陽説の一つである。二物の陰陽配当が確定的でない場合には、五行説で注解するものがある。例えば、龍と雲、虎と風の感応現象について、天文訓の高誘注では、龍は水物で、雲は雨水を生じるからと水性の感応関係によって、虎は土物、風は木で、木は土から生じるからと五行相生関係によって説明する。

五行説では、龍虎は四神獣で言えば、東方（木）の青龍、西方（金）の白虎であるから、水物、土物とするのは異説である。龍を水物とするのは、『春秋左氏伝』昭公二十九年に龍が絳《こう》（晋の国都）の郊外に出現した際に、蔡墨《さいぼく》が『易』を引用しながら、「龍は水物である」と述べる。虎を土物とすることについては、『尚書』洪範《こうはん》の孔穎達《くようだつ》正義が引く鄭玄注にも、同説が見られる。ところが、鄭玄注では風も土気として虎と同類とし、その理由を説明して「風は土気である。およそ気は風がなければ進んで行けない。それは金木水火は土がなければ存在する場所がないのと同じである」とし、さらに「雨は木気である、春に始めて生を施す、だから木気は雨である」と述べ、雨を木気とする。

そのように、陰陽五行の配当説は、連想を働かせて別の組み合わせや数理を比較的自由に導き出せるので、現象を解釈するための道具としては便利である。しかし、他説との整合性を欠くことになりがちで、そこから新たな関係性を演繹的に汲み出せるわけではない。陰陽五行の配当説に拘泥しすぎると、煩瑣な議論に陥って論理的に行き詰まる。近世に陰陽五行が批判的に受け止められるようになるのは、そのためである。

ところが、陰陽五行を図式的に当てはめ、単純化することで、現実から遊離した系統づけを行うことは、物類相感説が目指すところではない。類推しえない物理の解説よりも物類の関係性に焦点を当てているからである。換言すれば物類相感をめぐる類推思考は、自然への眼差しを硬直化させないで、ありのままに自然を見つめようとする。自然学、博物学の方面で先駆的な発見、発明を成し遂げたのは、そのような自然探究の方法論を早期に確立させていたからである。

第二節　類推思考と不可知論――自然探究の方法論

瑞祥・災異思想への展開

『呂氏春秋』『淮南子』『春秋繁露』の三書は、物類相感現象に関する当時の言説を集約的に記載する。

それぞれの思想的立場があって強調する点は三者三様に異なっているが、互いに重なり合う部分も大きい。物類相感説がもたらした思想的な方向性は、三つに大別できる。

一つの方向性は、自然現象から逸脱した災害、異変あるいは瑞祥を、国家の存亡、革命に関わる天意として把握しようとする、瑞祥《ずいしょう》・災異思想への展開である。『春秋繁露』同類相動篇に、

美事は美類を招き、悪事は悪類を招く、類が相応じて起きるのである。……帝王がまさに興起しようとしている時には、美祥が先だって出現し、まさに滅亡しようとしている時には、妖孽《ようげつ》（奇怪な現象）が先だって出現する。

と述べるのがそれである。『春秋繁露』は、董仲舒の著作もしくはその弟子の編纂とされているから、災異思想への方向性が最も強調されるのは当然のことである。

それに先立つ『呂氏春秋』応同篇の冒頭では、

そもそも帝王がまさに興起しようとする時には、天は必ず先だって瑞祥を人民に示す。

と述べ、黄帝、禹、湯王、文王の時に瑞祥が出現したことを記す。しかも、その王朝交代を五行相克説で理論づける。例えば、文王受命の際には、火が起こり、赤烏《せきう》が丹書を口にくわえて周王朝の社《やしろ》に集まる瑞祥があり、文王は「火気が勝とうとしている」と言ったが、それは殷王朝の金気に周王朝の火気が勝とうとしているからである、という具合である。

近似した論説は、同類相動篇の末尾にも見られる。『尚書大伝』を引いて周王朝が興起しようとした時に、大きな赤烏が王屋の屋根に集まり、武王以下が大いに喜んだ故事を論述する。また、有名な董仲

舒の賢良対策においても、その冒頭で武王受命の符に言及する。すなわち、武王が策問した夏殷周の三代の王が授かったという受命の符の所在や災異の変の起因理由について、『書経』(『今文尚書』泰誓篇)を引用し、善事、悪事が瑞祥、災異を招く感応メカニズムと社会的興廃の推移が、気の感応によって明瞭に語られる。

私は聞いている、天が大いに奉じて王とならせる場合には、必ず人力で招き致すことのできない、ひとりでにやって来るものがある、それが受命の符である。天下の人々が心を同じくして帰服することが、父母に帰服するようであるから、天の瑞祥がその誠に感応してやって来る。『書経』に「白魚が王の舟に入る。火が王屋を覆い、流れて烏となる」とある。これはおそらく受命の符である。周公が(それを見て)「覆えるかな、覆えるかな」と言い、孔子が「徳は孤りではない、必ず隣がある」と言ったが、いずれも善を積み、徳を重ねた効験である。後世になって、淫逸にふけり、衰微するようになると、万物を統治することができなくなり、諸侯が背反し、良民に乱暴をはたらいて領地を略奪し、徳教を廃して刑罰に任じるようになった。刑罰が適正でないと邪気が生じ、邪気が下に積ると、憎悪が上に蓄えられ、上下が和合しないと、則陰陽が調和せず、妖孽が生じる。これが災異の生起するところである。

災異思想は、聖王出現の瑞祥と対比させて、その逆現象である自然の災害、異変に同類相感的な類推を当てはめることで成立する。聖王出現の瑞祥思想は、『墨子』非攻下篇に、

赤鳥が珪玉《けいぎょく》を口にくわえて、周の岐社に降り立った。そこには「天は周の文王に命じて、殷を伐ち、

国を有《たも》たせる」と記されていた。

とあり、文王受命の瑞祥を語っているから、その起源は古く遡る。『墨子』から『呂氏春秋』『今文尚書』を経て『春秋繁露』に至る過程で、鄒衍の唱えた五徳終始説によって理屈づけされ、さらに春秋公羊学の災異説へと変容していった。その流れを生み出すのに、物類相感説が大いに関与しているのである。

董仲舒の求雨術

『春秋繁露』同類相動篇には、災異に関するもう一つの異質な主張がある。

天に陰陽があり、人にも陰陽がある。天の陰気が起こると、人の陰気がそれに応じて起こる。人の陰気が起こると、天の陰気がまたそれに応じて起こるにちがいない。その道は、一つである。この道理に通じている者は、雨を降らせようと思うならば、陰を動かして陰を生起させ、雨を止ませようと思うならば、陽を動かして陽を起こす。

同類相感の関係性を活用すれば、自在に雨を降らせたり、上がらせたりすることができると考えているのだ。

『呂氏春秋』召類篇、応同篇には、『荘子』漁父篇、『易』乾卦の文言伝、『荀子』大略篇の言説を踏まえて次のように言う。

類が同じであれば召き合い、気が同じであれば合し、音声が同じであれば響き合う。だから、宮音を弾くと（他の）宮音が呼応し、角音を弾くと角音が動く。龍に祈って雨を降らせ、形によって影を追う（召類篇）。

同類の招き合いにおいて、音の共鳴現象、形と影の追随とともに、龍神祈願による降雨がつけ加わっていることは興味深い。求雨術を同類相感現象で理論づけているのである。つまり、物類相感説によってもたらされる二つ目の方向性は、自然への働きかけ、自然操作の道である。

天の降雨現象を人間の手で自在に操作しようとするのは、方術に限りなく接近した考え方であり、正統儒学の立場からだと違和感があるかもしれない。しかし、『史記』『漢書』の董仲舒伝には、「春秋災異の変によって、陰陽が錯行する理由を推す。だから雨を求めるならば、諸陽を閉じて、諸陰をほしいままにし、雨を止ませるにはその反対にする」として、江都相になった董仲舒がその術を活用し、大いに成功したことを記している。『春秋繁露』には、求雨、止雨の両篇があり、その方法を詳論する。人々が懐いた災異学者としての董仲舒のイメージは、降雨現象を自在に操る「術士」のほうであった。

董仲舒の求雨術に、当時の人々が強い関心を示していたことは、王充の『論衡』乱龍篇に明証がある。それによれば、董仲舒の求雨術とは、『春秋』の雩《う》祭（雨乞いの祭）を敷衍して、土龍（土製の龍）を供えて雨を招来しようというものであった。そして、劉歆《りゅうきん》も雨乞いの雩祭を掌《つかさど》り、土龍の事を統轄《とうかつ》していたが、桓譚《かんたん》に「琥珀《こはく》や磁石が本物でなければ、針を引き寄せ、芥《あくた》を拾えない」として作り物の龍で雨を降らそうとすることを詰問され、返答に窮したという逸話を引く。そこで、王充は、乱龍篇を著して、董仲舒の土龍説に決着をつけようとしたという。

『続漢書』礼儀志、劉昭注が引く『桓譚新論《かんたんしんろん》』では、劉歆は雨を降らせようとして、土龍を作ったり、律を吹いたり、様々な方術をすべて備えさせた。桓譚が「雨を降らせるのに土龍を作るのはどうしてか」と尋ねると、「龍が現れるたびに、風雨が起こる。風雨を招き寄せたいので、龍の形に似せて作るのだ」と答えた。

とあって、少し違う話になっているが、いずれにせよ劉歆も求雨術を行った人物として語られる。

土龍を用いた求雨術は、董仲舒の発案というわけではない。先秦の古くまで遡る雨乞いの儀礼であり、『淮南子』地形訓、説山訓、説林訓等にすでに言及がある。高誘注には、殷の湯王が旱魃《かんばつ》に遭遇したときに土龍を作って龍に象った、という故事を記載する。また、『山海経』大荒東経にも、凶犂土丘《きょうりどきゅう》にいる応龍（翼のある龍）の形状に似せたものを作ると大雨が得られることを記し、郭璞注に「今の土龍はこれに本づく。気が自然に冥感したものであり、人の為せるわざではない」とある。董仲舒は、そのような求雨の方術を『春秋』の雩祭と関連させ、物類相感説によって理論づけたのである。董仲舒や劉歆といった漢代を代表する大儒が方術めいたものにまで手を染め、迷信批判で有名な王充にも認めさせているところに、物類相感説が巻き起こした問題圏の広がりを認めなくてはならないだろう。

吉凶禍福の類推思考

災異説や求雨術は、物類相感現象の際立った事例であったがゆえに、儒家的な政治思想に天人感応、天人合一の関係性を持ち込む手段に利用された。『淮南子』の主張は、そのような方向ではなく、類を同じくする二物の相感関係によって吉凶禍福、存亡興廃がどのような道理で成立しているかを類推しようとするところにある。その考え方は、『呂氏春秋』『春秋繁露』にも見受けられる。
禍福《かふく》が到来するのは、多くの人々は運命であると考えるが、それでどうしてその由来を知っていると言えようか。（『呂氏春秋』応同篇）
陰陽の気だけが類によって進退できるばかりではなく、不祥、禍福が生じてくるところも、またこれによるのである。（『春秋繁露』同類相動篇）
吉凶禍福というのは、天によって定められた運命でもないし、偶然でもない、同類相感によって招き寄せているのだ、という主張である。自然の深遠なる道理を洞察しながら、天人合一的な人生哲学を模索する。それが物類相感説の三つ目の方向性である。災異説や求雨術よりも、むしろこちらのほうがメインテーマである。

その哲学的思索の根幹には、類別という方法論がある。『呂氏春秋』では、「類に分ける」ことの重要性を説く。聖人の定めた国家の制度、法令は、アナーキーな状態にある地上の存在物、諸現象を類別的に整理し、秩序づけることに出発すると考える。だから、類は類を呼ぶことに着目し、同類であるのか、異類であるのかの弁別が大切であると説く。『淮南子』では、類別すること、類をもって推すことの困難さを、吉凶禍福を具体例にしてユニークな自然哲学を展開する。二物間の感応は、実際に生起する自然現象にはちがいない。だが、同類であるとする以上の因果関係のメカニズムはわからない。類を以て推せば、物理が確かに存在するとこだけは認識できる。そういう前提に立って、覧冥訓の冒頭に言う。

いったい物類の感応というのは、玄妙深微で、いかなる叡智《えいち》でも論じ尽くすことはできず、いかなる雄弁でも解き明かすことができない。

これは、神秘な現象に対する単なる不可知論ではない。二物間の相感関係を成り立たせている物理は深淵で奥深く理解しがたいが、そうした感応現象が確かに存在する。だから、物類相感という自然界の法則性を正しく認識し、それらの関係性から類推して物事のあり方を明察すべきである、というのである。

後文では、「利害の路、禍福の門は、求めて得られるものではない」ということを論証するのに、物理現象で喩える。

夫燧（凹面鏡を用いた着火装置）が火を太陽から取り、磁石が鉄を引きつけ、蟹《かに》が漆《うるし》を壊敗《かいはい》させ、葵《き》が太陽に向かうのは、どんなに聡明な智恵があっても、明らかにすることのできないことである。だから、耳目による明察も、物理を見極めるには足らず、心意を尽くした議論も、是非を定めるには足りない。

凹面鏡の点火、磁石の引力、葵の向日性に加えて、蟹が漆を壊敗させるという奇異な喩えを用いる。高誘注は、蟹を漆の器の中に入れると、漆が壊敗し、乾燥しなくなると説明する。『太平御覧』九四二に引く『博物志』、『証類本草《しょうるいほんぞう》』巻二一に引く陶隠居《とういんきょ》説では、蟹（の膏《こう》）が漆と合成すると水に変化すると考える。蟹をすりつぶして粉にしたものを漆に混ぜると、粘りがなくなることを指すのかもしれない。

自然現象の物理や是非は、どんなに子細にわたって観察し、綿密に考察しようとしても類推しがたい。そのゆえに智恵で政治を行おうとしても国は保ちがたく、「（天地の）太和に通じて、自然の感応を保つ」

ことのできる者だけがそれができるとする。吉凶禍福は見極めがたいものであるが、自然界に生起する現象から類推して、その道理を深く洞察し、そして物が極まれば必ず衰え、周れば始めに復るという循環的な自然の摂理に従い、禍を転じて福となす生き方、考え方をしなければならない。『淮南子』の吉凶禍福の哲理には、物類相感現象をめぐる類推思考の特徴的な位相が窺える。

類推思考の方法論と類型

『淮南子』人間訓《じんかん》には、吉凶禍福が表裏関係にあることを述べて、

禍《わざわ》いと福は門を同じくし、利と害は隣り合わせである。神聖の人でなければ、それを見分けることは困難である。

とし、存亡の枢機、禍福の門戸が、いかに推し量りがたく、深察しなければならないものであるかを多くの事例を列挙して明述する。その中には、孔子が『易』を読んで嘆息して説いた損益《そんえき》の道、老子の持満の戒、あるいは「禍転じて福となす」の有名な塞翁が馬の故事等が含まれるが、物類相感現象の言説も多用する。そして、類を以て推す思考様式を遺憾なく発揮する。

『呂氏春秋』応同篇が同類相感現象とする「軍隊が駐留した所には必ずイバラが生える」「水火が燥湿に赴く」の二つの文を、禍いはいち早くつみ取らなければすぐに蔓延してしまうことの喩えで用いる。篇末には類推という方法論への論及があり、

物類が互いに近接していて門戸を異にしているものは、数多くて識別しがたい。

と述べ、識別しがたい四つの場合を指摘する。

（一）同類であるようでそうでないもの

（二）同類でないようでいてそうであるもの

（三）そうであるようで実はそうでないもの

（四）そうでなさそうで実はそうであるもの

人格者であると思われた白公勝《はくこうしょう》が乱を起こしたこと、呉王夫差《ふさ》に礼辞を尽くして服従したかに見えた越王勾践《こうせん》が離叛したことなど、四つの場合それぞれに適合する具体例を歴史的な出来事から一つずつ取り上げて説明し、さらに次のように締めくくる。

これらの四つの方策は、深察しなければいけない。いったい事物が知りがたい理由は、その端緒や痕跡を隠匿《いんとく》し、私を公に立て、邪を正に寄りかからせ、人心を惑わすことができるからである。……いったい狐が雉《きじ》に襲いかかろうとする時には、必ず先に体勢を低くし、毛をねかせて、やって来るのを待つ。雉はそれを見ても信じて疑わないから、捕まえることができる。もしも狐が目をいからせ、尾を突っ立てて、必ず殺してやろうとする勢いであれば、雉も亦た察知して驚き怖れ遠くに飛び去り、その怒りを避けようとするにちがいない。そもそも人が悪智恵で欺き合うのは、禽獣の詐術どころではない。物類が相似ていてそうであるかのようであっても、外面からは論じることができないことは、数多くあって識別しがたい。だから深察しないわけにはいかない。

人事に引きつけて議論しているので、人偽の術策がいかに巧妙であるかの論説になっているが、物類の関係性が識別しがたいものであり、外面から論じることができないから、類推を行うには慎重に行わないといけないという認識論である。

類推しがたい物理現象

『春秋繁露』郊語篇では、「人の意《おも》うところ」ではない自然現象として論及する。

人の言に、酢《す》が煙を除去し、鴟《とび》の羽が眯《まい》（目に入ったゴミ）を除去し、磁石が鉄を引きつけ、（太陽にかざした）頸金《けいきん》（真金）が点火し、蚕が糸を室で吐くと絃が堂で切れ、禾《か》が田野で実ると粟が倉庫で欠乏し、蕪荑《ぶい》（ニレ科チョウセンニレ、果実を乾燥させて生薬に用いる）が燕で生じると橘枳《きつし》（たちばなとからたち）が荊《けい》で枯れる、とある。これらの十物（後の三条をそれぞれ二物として数える）は、いずれも不思議なもので怪しむべきであり、人が思念しうるものでないのにそうであるのは、現にそうした現象が存在するのだ。あるいは吉凶禍福、利不利が生み出されるところも、奇怪なところがあって、人が思念しうるものではないのは、それらと同じではないのか。これらは慎むべきものである。

物類の関係性を類推しようとして、その考察対象に類推しがたい物理現象をも含ませていることが、類推思考のユニークさを際だたせている。物類を類型化しようとすると、綿密に観察すればするほどに、推察の及ばない事態や現象に気づくからである。

『淮南子』説林訓に、

蚕は食べるだけで何も飲まず、三十二日で姿を変える。蝉《せみ》は飲むだけで何も食べず、三十日で脱皮する。蜉蝣《かげろう》は食べもせず、飲みもせず、三日で死ぬ。人は礜石《よせき》（ヒ素を含む鉱物）を食べると死ぬが、蚕はそれを食べると飢えることがない。魚が巴菽《はしゅく》（巴豆。トウダイグサ科ハズ属の毒草）を食べると死ぬが、鼠がそれを食たべると肥える。必ずしも類推できるとは限らない。

とあり、物類それぞれで相反する類推しがたい事例を挙げる。このような場合、日月による季節循環的な現象に適用された陰陽同類というカテゴリーは成立しがたく、限りなく「異類」に接近していく。『大戴礼記』易本命篇にも同じ言及があるが、そこでは「万物の性は、各々類を異にする」と結論づける。つまり、類推しがたい物性から異類という概念を導き出し、相反現象を捉えようとする。

しかし、物類相感説の基本的な考え方は、陰と陰、陽と陽の同じ気からなる同類の感応である。取り上げられた事例は、一見しただけで同類とわかるわけではなく、むしろ異類に近いと思われてしまうものばかりである。それでも、感応しあうのであれば同類と見なさないわけにはいかない。類推しがたくても物類相感の理は、同類とした二物の関係性のなかに潜在するという理念が形成される。つまり、異類に見えても同類である、と推察することで、類推しがたい不可知な物理をそのままにして、類推思考の枠組みを保つのである。物類相感説に発揮される類推思考の特色は、同類という把握方式にある。

相反現象の類別思考

では、同類、異類の弁別から何を導き出そうとしたのであろうか。『呂氏春秋』に帰着点の一つが示されている。別類篇に言う。

知りて知らずとするは上なり。過《あやま》つ人物の欠点は、知らないのに自ら知っていると思うことにある。物は多類であり、そうであるものがあれば逆にそうでないものもある。だから、亡国、殺民が止むことがない。

冒頭の「知りて知らずとするは上なり」は、『老子』七十一章の名言である。物類は多種多様で、真逆のことが生起する相反現象があり、弁別しがたい。そのことを認識しないで知ったかぶりするから、過失を犯して国を滅ぼし、民を死に追いやることが終わりにならない。その相反現象として、次のような具体例を示す。

いったい莘《しん》（細辛の古名）や藟《るい》（フジカズラ、蔓草の総称）という草があるが、それだけを単独で食べると死んでしまうが、両方を一緒に食べれば寿命を延ばすことができる。万《まん》（サソリ）や堇《きん》（トリカブト）は（毒性があるが、）一緒に食べれば死なない。漆や水は液体であるが、その二つの液体を合わせれば凝固し、湿らせると乾く。金や錫《すず》は柔らかいが、その二つの柔らかい金属を合わせれば堅くなり、熱すると液体になる。湿らせれば乾くものもあれば、熱すると液体になるものもある。類はもともと必ずそうなるわけではなく、推して知ることはできない。

また、能力の過信による誤認について、次のエピソードを引く。

魯の国の公孫綽《こうそんしゃく》という者がいて、人に語って「私は死人を生き返らせることができる」と言った。人がその理由を尋ねると、「私は以前から偏枯《へんこ》（半身不随）を治療することができる。いま偏枯を治す薬を二倍にするならば、死人を生き返らせることができるはずだ」と答えた。半身を回復ができる特効薬でも、死人の全身を蘇生することができるはずがない。このような認識論は、先秦諸子の得意とするところである。末尾には、駿馬が太陽を背に西走しても、いつのまにか（太陽に追い越されて）夕陽が前方にあるということを例示して、次のように締めくくる。

目にはもとより見えないものがあり、知恵にはもとよりわからないものがあり、術数にはもともと及ばないものがある。どうしてそうなるのか理由はわからないが、そうなる事物がある。聖人はそこで制を興し、（あれこれと穿鑿《せんさく》しようと）心を差し挟んだりはしない。

類推しがたい物理現象があるからこそ、聖人は物類の弁別を深く洞察し、制度、法則を定めたというのである。

不可知論と自然現象の定式化への志向とは背反しているようでいて、実のところ表裏関係にある。類推しがたい相感、相反現象があり、その物理は知ることができない。そのような中国的不可知論がしばしば語られる。しかしながら、だからといって考察を放棄するわけではない。多元的な類推によって諸現象を定式化することによって、常理を見出し、制度を立てようとする。同類、異類の把握形式は、不可知な世界であることを前提にして、それを克服する方法論なのである。

『論語』為政篇には、孔子が語った有名な言葉「周を継ぐ者は百世と雖も亦た知るべきなり」に対して、馬融《ばゆう》注は「物類は相招き、勢数は相生じるから、その（制度的な）変革には常がある。だから（百世先のことまで）予知できる」と述べる。質文改制や三統説といった循環史観とともに、物類相感現象に依拠した類推によって自然や社会の法則性を把握する考え方が、後漢を代表する経学者の経解釈に登場しているのである。前者は観念的な天文暦数と結びつくが、後者は実践的な天文占や医薬学の知識を活用する。中国における自然哲学が、術数学の数理と博物学的な知識を基盤としているのは、そうした二層構造を有するからである。

薬理の把握方式

物類相感説は、災異思想、讖緯思想（詳しくは第二部第一章）にあまり興味を示さなくなった三国時代以降においても諸書に散見する。ところが、『劉子』のように比較的まとまった論を展開しているものでも、『淮南子』等が記載する物類相感現象の事例を列挙して「物は類によって互いに感じ、神は気によって互いに変化する、まして人情をもってすればなおさらである」（類感章）と結論づけるだけで、内容的には大差がない。他書においても同様で、宋に『物類相感志』（僧賛寧《さんねい》撰、一説に蘇軾《そしょく》撰）が成立したくらいであり、議論をさらに深め、発展させたと言いうるほどのものは見あたらない。

したがって、陰陽五行説、天人相関説、災異思想といった類縁関係にある思想に比べて、注目度は低く、今日の研究においても、物類相感説という言葉すらあまり取り上げられることはない。しかし、『劉子』で言うなら審察章、命相章、殊好章、禍福章等に類推による陥りやすい誤謬や類推しがたい事象への考察が繰り広げられているように、物類の関係性に着眼した類推思考は人々に広く浸透しており、自然学の基礎概念の形成に果たした役割は無視できない。

その影響が最も顕著であるのは、医薬の分野である。中国では、薬物療法に用いる薬材について、体系的に整理して性質や薬効を詳論し、本草学と呼ぶ独自の分野を形成した。そして、何種類もの薬剤を調剤し、体質の違いや病状の変化に即応して薬味を出し入れする臨床での治験を蓄積していった。したがって、近代医学のように成分分析によって薬効を特定できることはないので、それなりの理屈づけはなされる。病状がよくなれば何でも処方薬となりうるし、今日的に薬効があるとは思えない偽薬も多く存在する。しかしながら、無作為に生み出されたものばかりというわけではない。新薬の開発に試行錯誤的な要素があるのは、今日の製薬でも同様である。ただ、どうしてそれが効くのかを理屈で説明できないだけである。むしろ薬効成分がわからない分だけ、何らかの類推を働かせて工夫を凝らしてきた。

『淮南子』説山訓にある次の文は、薬物療法をめぐる類推思考の一端が窺える。

　狸《たぬき》の頭は癙《そ》（鼠に噛じられた傷）を癒《いや》し、鶏の頭は瘻《るい》（頸の腫れ物）を癒し、虻《あぶ》は積血（鬱血）を散らし、斲木《きつつき》は齲《う》（虫歯）を癒す。これらは類推でわかるものである。

ところが、前述したように毒草を一緒に食べれば長寿薬となったり、漆が蟹の膏《あぶら》で水に化したり、薬草の調合や神薬の錬成を多様に試みていると、類推しがたい物性の発見が得られることがある。だから、上文に続けて、

　膏は鼈《すっぽん》を殺し、鵲《かささぎ》の矢《し》（糞）は蝟《い》（はりねずみ）を中毒死させ、腐った灰は蠅を生じ、漆は蟹が近くにいると乾かない。これらは、類推できないものである。類推できるものと類推できないものは、間違っているようで正しく、正しいようで間違っており、誰がいったいその微妙な物理に精通する

ことができようか。

とある。二物の間に類推しがたい物理が作用していることに気づいた時に、物類相感的な類推が生まれる。つまり、物類相感説は、技術操作的な色合いの濃い自然探究の副産物であるが、明確な把握方式として機能的な側面を有する。

薬はなぜ効くのか

様々な薬物は、『神農本草経』のような本草書や疾病ごとの処方をまとめた経方書に系統的に整理されていく。しかし、それを生んだ理念や類推思考が言語化されることはない。だから、物類相感説に示された物理が、それを推察する唯一の手がかりとなった。

『抱朴子』対俗篇に、説山訓の論説を老子の言として引用し、

狸の頭は鼠漏《そろう》を治し、啄木《きつつき》は虫歯を護《まも》るが、これは類で求めることができるものである。蟹は漆を変化させ、麻は酒を壊《こわ》すが、これは類推できないものである。理で推すことができないものである。

と述べ、さらに

物は千差万別で、心意で極めることができるものではない。もしも危篤の病にかかっていて、良薬の助けを必要とするときに、服用することをよしとせず、神農や岐伯《きはく》がこの草を用いてこの病を治したのは、どのような原理にもとづくのかを知らなければならないとするのであれば、愚かであると笑われても仕方がない。

と喩える。この薬理観は、『証類本草《しょうるいほんぞう》』巻二になると、さらに明確な主張となる。

万物の性を尋求すると、みな離合がある。虎が嘯《うそぶ》くと風が生じ、龍が吟ずると雲が起り、磁石は針を引きよせ、琥珀《こはく》は（静電気で）芥《あくた》を吸いよせ、漆は蟹を得ると散じ、麻は漆を得ると湧き、桂（ニッケイ、クスノキ科の高木）は葱《ねぎ》を得ると軟かくなり、樹木は桂を得ると枯れ、戎塩《じゅうえん》（中国西北の地に塩湖周辺の土壌から産出する岩塩）は卵を重ね合わせ、獺《かわうそ》の膽《きも》は盃を二分する。気が爽《そう》然として互いに感応するのは、多くはこれらの類と同じである。その理は考えることはできない。諸薬が互いに利害をなすことができるのは、先聖がすでにはっきりと解き明かしているので、どうして薬理が不詳であるからと言って利用することを避ける必要があろうか。

薬がなぜ効くのかのは不明である。しかし、たとえ不可知なものであったとしても、薬理が必ず存在し、何らかのメカニズムで「気」が感応を引き起こしている。そのことの傍証として、物類相感現象を列記し、それによって類推できるだろうと言うのである。

自然界に生起する現象や生物の生態は実に多様であり、生命現象は不可思議さに満ちている。だから、物理は究めがたく、決して知ることができないものである。それを前提にしたうえで、類をもって推し測ることで、深遠なる道理を洞察しなければならない。その考察の対象に、因果関係が容易に推察できる自明の理ばかりではなく、類推しがたいものまで含めることで、不可知な世界を探る方法論のなさを克服しようとする。それが中国的不可知論の特色なのである。

第三節　精誠、天を感動させる――技能者と賢妻の精通力

精誠という哲理

自然探究の学問において術数学的思考の枠組みを形成したという見地に立てば、物類相感説は、同類による類推思考とともに重要なコンセプトを提供している。術数学が立脚する天人感応、天人合一の思想には、解くべき大きな問題が横たわっている。天界の自然現象と地上の物類、人間とを繋ぎ、相互に感応させているものがいったい何であるのかという命題である。

物類相感説では、実に明解な答えを提示している。それは、「精誠《せいせい》」という哲理である。

『淮南子』覧冥訓では、晋の師曠《しこう》が白雪の曲を演奏すると、神異なものが天から舞い降り、にわかに風雨が降り、平公の病は重くなり、旱魃で作物は枯れたこと、斉の卑しい寡婦《かふ》が天に叫ぶと、雷電が宮殿に落ちて、景公は台から落下して大けがをし、海水が溢《あふ》れ出たことについて、盲目の楽師や卑しい寡婦の気持ちが、天に通じ、至精を揺り動かしたのであり、それは「精を専らにし、意を励まし、務めに委《ゆだ》ねて神を積んだ」からであるとする。

さらに、周の武王が紂王《ちゅうおう》を伐とうとして、孟津（黄河の渡し場、南下して洛邑（洛陽）に至る交通の要所だった。今の孟州市の南郊にある）を渡ろうとした時に、荒波や疾風に襲われたのを鎮めたり、魯陽公が韓と戦って、日が暮れそうになるのを、太陽を逆戻りさせた故事を引用し、誠心誠意、力を尽くすと、人間の「精」が天に通じ、その至精を感動せしめることができると述べる。

泰族訓《たいぞくくん》では、それを「精誠」と併称する。すなわち、殷の高宗が一声言葉を発しただけで、大いに天下を動かしたように、聖人というのは、天心を懐いて天下を動かし、感化させることができるとし、さらに「精誠が心の内に感じ、形気が天に動く」ことによって、景星、黄龍、祥鳳等々の瑞祥が出現するという。

王充は、『論衡』感虚篇《かんきょ》において、太陽を逆戻りさせたりすることは、聖人でもできるはずがないから、天を感動させることはあり得ない虚言であると痛烈に批判する。ところが、精誠による作用に関しては、大いに容認する。死偽篇においても、董仲舒が求雨術で雨を降らせることができたのはこれ（土龍）を用いて精誠を致したからであるとする。また、明雩篇《めいう》では、董仲舒の求雨術が依拠する雩《う》祭を行う必要があることを詳論するが、雩祭で請祈《せいき》するのは人君の精誠であるとし、天に通じて雨を降らせることができるのは精誠によると考える。

雩祭に関しては、後漢の学者にも言及がある。『春秋公羊伝』僖公三年の何休注では、『春秋感精符《かんせいふ》』に記された逸話を引用して、旱害を憂えた僖公が佞臣《ねいしん》を放逐《ほうちく》し、冤獄《えんごく》を理めるなどして天を感動させ、雩祭しないのに大雨を降らせたことを述べ、「精誠が天に通じた」ものであるとする。『後漢書』周挙伝にも、この公羊説は「魯《ろ》の僖公《きこう》、旱《ひでり》に遭《あ》い、自ら責めて雨を祈る」として引かれ、「精誠を以て禍いを転じて福と為す」例の一つとしている。そのように、「精誠」の哲学が次第に思想家、経学者に浸透していく有様が窺える。

『呂氏春秋』の精通力

「精誠」の初出文献は、『荘子』漁父篇である。「真というのは、精誠の至りである。精でなく、誠でなければ、人を動かすことはできない」とある。『中庸』では、「至誠」「至聖」の道を説くが、易占や亀卜にも言及がある。

至誠の道であれば、前もって知ることができる。国家が興起しようとすると、必ず禎祥があり、国家が滅亡しそうになっている時には、必ず妖孽があり、筮竹や亀甲の占いに現れ、身体の動きに現れる。禍福がまさにやって来ようとする時には、善いことも必ず先に知り、善くないことも必ず先に知る。故に至誠は神のようである。

この論述は、漢儒が唱える瑞祥災異説の素型である。聖人の道を体現する「至誠」とは、天の「至精」に通じるピュアな心の働きであり、だから究極的な存在原理である真や神に限りなく接近できる。物類相感説は、先秦の『荘子』や『中庸』における「精」「誠」（又は聖）をコンセプトとする天人感応的な言説を、自然界の物類一般にまで敷衍したものなのである。

『荘子』『中庸』の「精」「誠」の心の働きをめぐる哲学的な思索は、『呂氏春秋』では、物類相感現象と絡めた天人感応説となる。精通篇において、二物の「精」が通い合う現象を論述する。冒頭では君徳と民心の間について、

聖人が南面して民を慈愛して利益をもたらすことに心掛けるから、人民は号令を出さずとも人民は首を長くし、爪先立ちして指令を待ち望む。すなわち、「精」が民に通じたのである。

と述べるほか、次のように言う。

人はあるいは兔絲《とし》には根がないと言うが、兔絲には根がないわけではない。根が（ツルに）連なっていないだけであり、茯苓《ぶくりょう》がそれである。慈石《じしゃく》（磁石）が鉄を引き寄せるのは、引き合うからであり、樹木が近くにいて靡《なび》くのは、寄り合うからである。

兔絲（ネナシカズラ）や伏苓（サルノコシカケ科のマツホド）は生薬に用いる寄生植物である。『淮南子』説山訓に「千年の松、下に茯苓あれば、上に兔絲有り」とあるように、兔絲のツルが幹に絡みついた松の根に伏苓が生えていることから、両者は離れていても一体であると考えたのである。自然観察を通して得た知見をアナロジーにして、聖人の政治を「精通」によって理屈づけ、君民間の「気」の精（エッセンス）による共鳴現象があると唱える。また、前述した月と魚介類の相感現象とも関連づけるように、物類相感現象の説明原理に大いに用いられる。

この精通力に関する現象には、もう一つの側面がある。それは、卓越した技能者の熟練ワザを説明しようとしたことである。すなわち、精通篇の後半では、三人の技能者を引き合いに出す。弓の名人である楚の養由基《ようゆうき》、名馬を見分ける周の伯楽《はくらく》、牛を見事に解体する宋の庖丁《ほうてい》である。その射術、相術、包丁《ほうちょう》さばきは絶妙であり、それぞれ兕《じ》（水牛に似た一角獣、原文「先」、畢沅《ひつげん》の校勘に従う）、馬、牛の「精」に通じさせる「誠」のパワーがあると考える。

神業的な技能の極意は、弟子に伝えようとしても言葉によって表現できるものではない。しかし、そこには確かな数理があり、治国、治身の道理は技能者によって体現されている。そのような主張は、荘子が唱えた自然哲学に大いに展開されている。『荘子』養生主篇では庖丁が十九年包丁を使い続けてもまったく刃こぼれしない体験談によって、文恵君が「生を養う」生き方の道理を悟るという逸話を掲載する。精通篇では、その議論を踏まえ、聖人の統治術と対比させる形で、言語化し難いワザのメカニズムを精通力によって解き明かそうとする。

親子間の親和力

精通現象の「精」は、気によって構成されている「こころ」の有り様であり、聖人や卓越した技能の持ち主だけが発揮できる特異な才能というわけではない。凡庸な人間が抱く強い「情念」、今日風に言えば「愛情」や「誠意」も、精通現象の対象になる。それが、「精通」から「精誠」へと自然哲学的な命題へと成長を遂げる大きな要素となる。

そのような方向性の議論は、すでに精通篇においてなされている。すなわち、親子間の親愛の情を論材とする。周の申喜《しんき》は、若かりし頃に母と生き別れたが、ある時に物乞いに門外で歌う声を聞くと、突然に悲しみに襲われ顔色を急変させた。どうしたことかと思って、その物乞いを招き入れると、行方知れずになっていた母だった、という話である。つまり、親愛の情といっても、儒家が唱える子供の「孝」とか親の「慈愛」とかのレベルではない。「一体両分」「同気異息」という本能的、生理的なレベルでの親子間の結びつきによって、異処相通の感応が生起したのである。

親子間の親和力を論じた具備篇では、「精」の代わりに「誠」が用いられる。

生後三ヶ月の嬰児は、（貴人の持ち物である）馬車や冠が目の前にあったとしても欲しいとは思わないし、斧や鉞《まさかり》が背後にあっても嫌がることを知らないが、慈母の愛が彼に悟らせることができるのは、誠があるからである。

どんな弓の名手がいたとしても弓の弦がなければ矢を命中させられないように、賢者であっても功名を立てるには道具が必要であることを明らかにするところにある。身に備うべき道具とは何か。それは「誠」である。慈母の愛が無知無欲で分別のない嬰児にも通じるには、慈母に嬰児の心を動かす「誠」があるからだ。そして言う。

故に誠にして有（又）た誠ならば乃ち情に合し、精にして有《ま》た精ならば、乃ち天に通ず。水・木・石の性、皆動かすべきなり、又た況んや血気を有する者をや。

「誠」は「精」と対句的に用いられているように、精通篇の「精」と同義である。誠が人情に合し、精が天に通ずるとする「精誠」は、「精　天地に通じ、神　宇宙を覆《おお》う」（本生篇）、「精　天地に充《み》ちて竭《つ》きず、神　宇宙を覆《おお》いて望むこと無し」（下賢篇）とある「精神」を言い換えたものになっている。

「精神」という用語に言及しておくと、尽数《じんすう》篇に見られる。そこでは、天が陰陽を生じ、寒暑、乾湿の季節変化に従って、万物が化育されることを踏まえて、聖人は自然の摂理を察知し、万物の利益を見分けて、人々の生活に便宜を与えた。そこで、「精神は形に安んじ、年寿長きを得たり」と言う。「精神」が形（身体）に安住して、長生きできるようになったとあるのは、今日の精神の概念に近いだろう。それが天地や宇宙に通じるとする場合には、精神＝こころという状態から少し拡充した霊的な存在となり、より霊妙な働きが想定されている。ただし、単独で「精」「神」が用いられると、「神」が神霊に近づく一方で、「精」は万象を構成する「気」のピュアな状態としての側面を強く感じさせる。「精」のイメージは、心・霊・気の三態を表象していて、自在性がある。五徳（五常）の一つで知られる「誠」とも連関しうるのは、その特性による。

中喜の逸話は、『淮南子』でも少し異なる視点からの議論がある。説山訓には「精の至り」と述べるだけであるが、繆称《びゅうしょう》訓では情のまず動くことに関連づけ、「心に感じ、智に明らかに、発して形を成すは、精の至りなり」とし、さらに「誠、己より出ずれば、則ち動く所の者遠し」「三月の嬰児、未だ利害を知らざるなり。而《しこう》して慈母の愛、焉《これ》を諭《さと》すは情なり」「忠信、内に形《あら》われ、感動、外に応ず」などと論じている。そこでは「精誠」という用語は用いていないが立脚点は同じであり、「誠」「信」「精」「情」を類義語として加えた論説を展開する。

視点を反転させれば、「精」は、気という要素に還元することで、精神的な状態だけではなく、物質を構成するものとして自然学的なアプローチを可能にしている。その「精」が「誠」に置き換わることで、理想とする徳目としての作用を獲得する。一方、「誠」は、「気」が純粋に凝縮した状態の「精」と同一視されることで、天人感応現象を誘引し、人心を動かして徳化しうる精通力の源泉となる。かくして、「精誠」の哲学が立脚する概念装置ができあがるのである。

精誠、金石を感動せしむ

『呂氏春秋』には、自然界に生起する現象や存在物の生態に関する論説も数多く展開されている。その中心的論題は、いうまでもなく陰陽消長の理による季節の変化を法理とする諸制度の制定と施行、いわゆる時令説である。召類・応同篇における物類相感説は、その補助的な議論であるが、別のタイプの自然認識を喚起させている。それらの自然認識が「精誠」をめぐる議論と直接に結びついているのは、摶志篇《たんし》(「摶」は「博」に作るが、王念孫の校勘に従う)の議論だけであるが、やがて漢代になると、天人感応という視点で相互に関連させた自然哲学に成長していく。

漢代思想において、天人感応説、陰陽五行説は大きくクローズアップされるが、『呂氏春秋』『淮南子』に示された精誠の哲学はあまり注目されない。しかしながら、他書でも取り上げられていて、思った以上に後世にまで波及している。精誠というコンセプトは技能者の説話とともに広まるが、最も関心を集めた故事は、養由基の弓矢が石を貫いた精通現象である。

養由基という武将は、百歩離れたところからでも柳の葉を射て百発百中であったとされる弓の名人である(『戦国策』西周、『史記』周本紀)。『呂氏春秋』摶志篇では、養由基は、楚王の求めに応じて誰も射ることのできない珍しい白猿を射ることになった。すると、弓を身構えた途端に、猿は矢が当たったかのようになり、矢を放つと当たる前に猿は木から落ちてしまった。類話が『淮南子』説山訓にもある。そこでは、矢を放つ前に猿が「木を抱《かか》えて叫び声を発した」とする。いずれも「中《あた》るに先んじて中る者有り」と評する。矢を発する前にすでに的中したと相手に覚悟させるほどの腕前であったというわけである。また、横たわる石を一角獣「兕《じ》」と見間違えて矢を放つと、矢尻《やじり》の羽が見えなくなるほど深く突き刺さったという逸話も伝わる。それは、『韓詩外伝』六、『新序』雑事四では熊渠子《ゆうきょし》、『史記』李広伝では李広が主人公となって石を虎に見誤るという類話になっている。

「寝石を見て以て伏虎と為す」（横たわった石を伏臥した虎と見誤る）ことは、『荀子』解蔽《かいしゃ》篇に言及がある。日が暮れた夜（「冥冥」）が「明を蔽《おお》う」ために物を観て疑いが生じ、心中が穏やかでなくなると、思慮まではっきりしなくなる。そのように、人間の認識力が闇に蔽われていると、不確かで覚束《おぼつか》ないことの事例で掲げる。ところが、ここでは弓の達人が発揮した「誠」が石の「精」を共感させ、「金石、これがために開く」（劉向『新序』雑事四）という話にすり替わる。そして、この故事は、「精誠」が金石を感動せしめたとして語り継がれていく。

孟姜女哭長城伝説

以上のように、精誠の哲学は、磁石と鉄、太陽と凹《おう》面鏡の発火といった物理現象の親和力を説明し、聖人の治世、名君の瑞祥、技能者、術者の神業、霊妙な能力を理屈づける。それらとともに、一般庶民における孝子・烈婦等が起こす奇事が、精誠によって誘発された天人感応現象と見なされたことも注目される。

中世、近世に民間に流布した文学作品を例に取ると、孟姜女《もうきょうじょ》伝説がある。この伝説は、民間に長く語り継がれ、演劇化された中国四大民間伝説の一つである（中国四大民間伝説とは、牛郎織女《ぎゅうろうしょくじょ》（牽牛《けんぎゅう》と織《お》

図7　孟姜女（瓜子姫）の誕生風景（河北省秦皇島「孟姜女廟」）

り姫）、白蛇伝《はくじゃでん》、梁山泊《りょうざんぱく》と祝英台《しゅくえいだい》、孟姜女）。一九二〇年代に、中国近代史学の創始者である顧頡剛《こきつごう》（一八九三―一九八〇）が各地に流伝した孟姜女の民話を調査している。そのフィールドワークは、中国における民俗学の出発点となった。日本では、織姫の七夕伝説に比べればずっとマイナーであるが、戦前から紹介され、森本薫の脚本によって、東京放送局のラジオドラマになっている（戦後にはＮＨＫテレビドラマ「お好み日曜座」で放映）。年配の方ならば、有吉佐和子のエッセイ風小説（『孟姜女考』）を読んだ人もいるだろうし、大映創立二十周年記念映画の「秦・始皇帝」で若尾綾子が演じたことを記憶するかもしれない。最近では、東洋文庫の『中国昔話集２』に収録され、渡辺明次編『孟姜女口承伝説集』も詳しい（本の帯には、教え子であるＷｉｎｋの相田翔子が推薦文を記す）。さらに、現代中国の人気作家、蘇童《スートン》が『碧奴《へきど》―孟姜女哭《こく》長城的伝説』という翻案小説を発表している（邦訳書：飯塚容訳『碧奴―涙の女』）。

孟姜女伝説の原話は、『春秋左氏伝』襄公二十三年、『孟子』告子下にある。そこでは、斉国の武人（杞梁《きりょう》）の賢妻が夫の戦死を路上で弔《とむら》おうとした主君の非礼をたしなめる話だった。『説苑《ぜいえん》』『列女伝』

といった漢代の文献では、哭泣して城壁が崩れる、投水自殺するというエピソードがつけ加わる。さらに、秦の始皇帝の時代の出来事になり、万里の長城の建設で苦役され、人柱にされた徭《よう》夫の悲話に変容する。やがて、孟姜女と范《はん》喜《き》良《りょう》に夫妻の名前が改められ、面白おかしく脚色された民間の語り物となる。物語化の一端は、『琱玉集《ちょうぎょく》』所引の『同賢記』、敦煌《とんこう》出土『孟姜女変文』といった唐代の遺文に窺うことができる。

口承された説話の筋は以下の通りである。賢妻は孟家と姜家の二家にまたがる瓜の実から誕生したために孟姜女と名乗り、万里の長城建設の労役から脱走した徭夫（范喜良）に裸体を見られたので、夫婦の契りを結ぶ。ところが、夫は万里の長城を建設する徭役に再び駆り出されたまま帰らない。夫を探して現地に行き、哭泣すると、城壁が崩落し、人柱にされた徭夫の人骨が大量に出現する。そこで、血を滴らせて夫の亡骸に再会を果たす。

このストーリー展開の中心的なモチーフは、夫を亡くした妻の悲痛な叫び声が大地を感動させ、地震を生起させ、城壁を崩壊させたとする天人感応説である。『春秋左氏伝』『孟子』では、戦死した夫（杞梁）がないがしろにされていることを良妻が大声で嘆くことで、主君に非を悟らせ、風俗を改善させた逸話とする。それが、「精誠」の哲学によってアレンジされ、夫を一心に思って祈願すれば、大地を感動させることがあるという話の筋に置き換わり、「精誠」の逸話として人々の関心を惹き、物語化される契機となる。「精誠」という心の働きを、人々に最もわかりやすく伝達したのである。天人感応説とは、大自然に対する畏敬《いけい》の念を、どのような形で人間の生き方、心のあり方に反映させるかに、一つの回答を与えている。
孟姜女が血を滴《したた》らせて夫の遺骸を見分けたのも、「血」と「骨」の感応現象である。南宋の宋慈《そうじ》が著した法医学書『洗冤録《せんえんろく》』（一二四七）には、血を滴らせて骨に染み込むかどうかで親子関係を判別する手法が記載されている。有名な説話伝説には、こっそりと織り込まれている科学知識がある。

第四節　王充の迷信批判と占術論──「気」の自然学

「一」を得ること

精誠が天地や物類を感動させるメカニズムについて、王充は「心意を専一にして、任務に励み、精神の鍛錬を積み重ねると、精誠が天に通じて、そのために天が変動する」（『論衡』感虚篇）と説明する。そのような精神集中、精神統一の考え方は、『呂氏春秋』でも力説するところである。論人篇では、「己に反《かえ》る（我が身に顧みる）」とは何か、という命題に対して、耳目、心志の欲望を節制し、智謀、技巧の有意的行為を捨て去り、心意を無窮の空間、自然の道に遊ばせることであるとし、そのようであれば「其の天を害《そこ》なう無し」と言う。それは、もちろん道家的な処世術であり、「天」は天賦の性を指し、天寿を損なうことのない生き方である。その論述に続けて、次のような哲学的思索を展開する。

天を害なうことがなければ、精を知る。精を知れば、神を知る。神を知ることを、一を得ると言う。

凡そすべての形あるものは、一を得て後に成る。

以下では、「一を知る」ことでどのようになるかをさらに論及する。明らかに、老子に由来する「得一（守一）」の自然哲学であるが、精神を専一にして集中力を高めることを、養生の要諦とする主張である。このような「一」を基軸にした考え方は、実にユニークな論説として『呂氏春秋』に展開されている。養由基の逸話を引用する摶志篇もそこから派生する議論である。

摶志篇は、篇名に示すがごとく、心志を専一にすることの大切さがテーマである。達人の神業は、「志を摶《う》つこと」、すなわち心を専一にして集中力を高め、研ぎ澄まされた心理状態になることによって、気の「精」（エッセンス）が生み出される。それが、相手に通じて気を動かせるのである。

興味深いことに、その実践者として例に挙がっているのは、養由基に加えて、孔子、墨翟《ぼくてき》、甯越《ねいえつ》の三人が含まれる。彼らは、勉学に専念することで諸侯の師となった人物である。つまり、「一」とは、長期間にわたって学問、修行に専念することである。孔子と墨翟の場合には、ともに昼の習業だけではなく、夜には文王・周公を夢見て問学したほどであったとする。学業に専念し、「志を用いること」が「精」だから、何事においても通達し、何を行っても成し遂げられると説く。

この学問論は、前後の議論と噛み合わずに浮いた感じがする。直前には、夏と冬、草の繁茂と穀物の実りというように、自然界には両立しないものがあり、有角獣には上歯がなく、果実がいっぱい実ると木は必ず衰えるという摂理（「天の数」）が存在することを説く。そして、「全《まった》ければ則ち必ず欠け、極《きわ》まれば則ち必ず反《かえ》り、盈《み》つれば則ち必ず虧《か》く」という陰陽消長の理によって、「物の両つながら大なる

べからず」という自然法則を導き出す。そこから、「一」に帰着しないといけないと結論づける。また、直後に続く文では、

故に言う、精にして熟であれば、鬼神がお告げをもたらそうとする、と。鬼神が告げるのではない。精にして熟であったからである。

とあり、孔子や墨翟が学問に専心したことによって、鬼神のお告げがあったとする。陰陽消長の自然観から学問論に持って行くのは強引であり、学問に励むことを鬼神のお告げと関連させるも唐突である。『塩鉄論《えんてつろん》』非鞅《ひおう》篇では、直前の論説に近似する議論をしていることから見れば、依拠する先行文献が存在し、孔子、墨翟の話を割り込ませることで、方術的な色合いを薄めようとしたのかもしれない。

というのは、前後の論説は、漢代以降に精誠の哲学をめぐる二つの流れが生み出されることを萌芽的に指し示しているからである。直前の自然観は言うまでもなく漢代の天人感応説へ発展する。

『管子』の卜筮論

一方、直後の論述は、占術をめぐる少し次元を異にした別の方向性を有している。『呂氏春秋』士容篇では、「善《よ》く狗《く》を相《み》る者」が登場する。すぐれた識眼力の持ち主であるが、彼が見つけてきた「良狗」が鼠を捕ろうとしなかったことを説明して、次のように附言する。

いったい（駿《しゅん》馬である）驥驁《きごう》の気や（大鳥である）鴻鵠《こうこく》の志が人の心に通じ、その存在に気づくこと

があるのは、誠があるからである。人もまた同様である。誠があるならば、神が人に感応を引き起こさせるのである。

感応関係が相術の的中する根拠となっており、それを「誠」の作用とする。「誠」が出てくるからといって、儒家的な立場での道徳論とは限らない。精通篇や具備篇でも、ここと同じ発想を見ることができる。すなわち、鍾子期《しょうしき》の逸話に引く古語に「君子此に誠ならば彼に諭し、己に感ずれば人に発す」とあり、具備篇で孔子が弟子の宓子賤《ふくしせん》に語った言葉に「此に誠ならば彼に刑《あら》（形）わる」とある。この作用プロセスが、精誠における感応関係の基本的な考え方なのである。

占術師の特殊技能と精神集中に関して、『管子』にも類似した立論がある。

> 意を専にし、心を一にすれば、耳目が正しくなり、遠くのことも知ることができるようになる。よく専らにできるか、よく一にできるか、よく卜筮することなく吉凶を知ることができるか、よく止めんか、よく已《や》めんか、よく人に尋ねることなく、自らそれを己れに求められようか。故に曰う、これを思え、これを思え、思って得られなければ、鬼神が教えてくれる、と。鬼神の力によるものではない。（専一に思うことで）その精気が極まったのである。（心術下篇）

「意を専にし、心を一にする」ことで、天下の人々の心を感化し、服従させることができる。それは、卜筮によって吉凶を知りうることと同様のことである。しかし、それは、「鬼神の力に非ざるなり、精気の極まればなり」、すなわち鬼神の霊的な力がなせる仕業ではなく、心意、思念を専一にすることで達成されたものであるとするので、『呂氏春秋』の説くところと重なり合う。精誠の哲学は、そもそも初出の『荘子』において国家の大事を占う易占や亀卜と関連づけられていたように、卜筮の術者のシャーマン的能力を説明する原理でもあった。

占いが当たるのは精誠によるとする言説は、後の知識人にも認知される。班固《はんこ》の幽通賦（『文選』巻一四）では、冒頭に「魂は憂いに満ちて神と交わり、精誠は夜夢に（身外へと）抜け出た」とあり、「精誠」を夢の中で幽体離脱した心の状態として用いており、夢解きを試みるという論述になっている。そして、「精、霊に通じて物に感ぜしめ、神、気を動かして微に入る」と述べた後で、前述した養由基や李広の逸話を引き、さらに言う。

精誠でなければどうして通じることがあろうか。いやしくも事実がなければいったい誰が信じるだろうか。（弓術という）末技を操る場合ですらそのようになる必然性があるのであるから、まして我が身を真なる道にのめり込ませている場合はなおさらである。

幽玄の世界に通じ、神域に入り込む願望を詠ったこの賦は、精誠の理論的核心を見事に捉えている。精誠と夢占いの関連づけは、王符《おうふ》の『潜夫論』卜列、夢列篇にさらに詳しい議論が繰り広げられている。唐宋の学者にも、「（卜の）図りごとは精誠に在るのみ」（陸亀蒙『笠沢叢書』一、雑説）、「卜筮は精誠にあり」（『二程遺書』六）といった言説が見られる。卜筮を核とする術数は、末技の一つであり、決して大道ではないとされたが、必ずしも不合理なものとして退けられたわけではない。その存在理由に、「精誠」による天への働きかけがあったのである。

つまり、精誠の哲学は、技能者の神業に加えて、卜筮や相術の霊妙な能力を合理的に認識しようとするところに、他に見られない妙味がある。常識的な理屈は通用しないが、現実には確かに目撃され、認知される世界の説明原理から出発する。そして、それらからの類推で、天人感応の自然哲学を構想し、理論科学の対象としない技術、芸能の諸事象に着眼し、理屈ではなく、具体例の列挙によって道理を導いている。術数学的思考を発進させる数理的基盤は、そのような思想的背景において形成されていくのである。

『千金要方』の医卜兼修

卜筮の精通力は、医学の世界でも注目されている。『千金要方《せんきんようほう》』巻一、「大医習業《たいいしゅうぎょう》」には、大医になるために暗誦すべき習学対象として、『素問《そもん》』『甲乙経《こうおつきょう》』『黄帝鍼経《こうていしんけい》』『明堂流注《めいどうりゅうちゅう》』の古典、十二経脈・三部九候・五臓六腑・表裏孔穴の医説、『本草経《ほんぞうきょう》』『薬対《やくたい》』の本草書、張仲景《ちょうちゅうけい》・王叔和《おうしゅくか》・阮河南《げんかなん》・范東陽《はんとうよう》・張苗《ちょうびょう》・靳邵《きんしょう》等が著した経方書を列挙する。そして、次の文が続く。

> 陰陽・禄命・諸家相法に精通し、また灼亀・五兆・周易（易占）・六壬に熟達すべきである。目のない状態で夜に出歩くと、ややもすれば転倒して気絶するはめに陥るが、それら（『素問』以下六壬まで）を学ばなければ、それと同じである。その次に、本書を熟読し、神妙な道理を考察し、研鑽に心掛けることで、はじめてともに医の道を語り合うことができる。

灼亀・五兆・周易・六壬とは、『大唐六典』に言う太卜の掌る「卜筮四法」（亀・兆・易・式）である。五兆は、易占の筮竹数四十九本に対して、算木三十六本を用いる。また、「陰陽」は日月五星や雲気、風雨等の天文気象に関する占候、「禄命」は生年月日の干支等を用いた算命術である。医薬の基礎理論や処方集に加えて中国占術の主要な諸技法にも習熟する必要性を説く。まさに医卜兼修である。

　ここで医術と巫術が未分化であるかのように考えてはいけない。扁鵲の「六不治」（『史記』扁鵲伝、「病気が治らない六事」）に「信巫不信医」（巫覡《ふげき》を信じて医者を信用しない）を挙げるように、きわめて早期から医術が巫術から脱却することを明確に意識しており、医者と巫者の棲み分けがなされていた。ここに言う「卜筮」とは、亀甲を灼いて神意を問う亀卜、筮竹を用いる易占といった由緒のある占術とそこから派生すると見なされた六壬、九宮、太一、遁甲等々諸技法を統言したものである。扁鵲の批判した巫術＝呪いによる医療とは一線を画している。

　「医卜」は、しばしば併称される。例えば、『史記』日者列伝では、賈誼が宋忠に「古代の聖人は朝廷にいない時には必ず卜医のなかにいると私は聞いている」と語り、長安の東市で占いをやっていた司馬季主に逢いに行く話がある。卜筮の名人となると、名医、良医と同等に知恵ある在野の知識人として尊敬を集めていたのである。また、『論語』子張篇に、子夏が「小道と雖も必ず観るべきものがある」と述べるが、その「小道」に対して朱熹が「農圃《のうほ》、医卜《いぼく》の類」（農圃は農業）と解釈する。国家の為政、祭祀等の「大道」に対する他の諸事の「小道」、または「経術」「道術」に対する「方伎」「術数」のなかで、医卜は農業とともに社会生活上の有用性を最も認められた存在だった。疾病や悩みを予見し、治療や行動指針の提示を行うことができる先見性に、それなりの価値を見出しているのである。

　だから、医卜兼修に、巫覡の迷信的要素を切り捨てられない伝統医学の前近代性を読み取るべきではない。医術に卜筮星相を応用すると言っても、診断法に相術を活用するとか、性格判断は心理療法に使えるとか、そのようなレベルの話ではない。『千金要方』では、次条に「医方と卜筮は技芸のなかで精通するのが最も困難なもの」という認識が示されており、「神授の才能がなければその蘊奥《うんおう》を究めることができない」と述べる。医卜に学問的要素より技術操作的な性格が強いと考えている。

大医精誠の道

『千金要方』巻一、前掲文の章題に掲げるのは、「大医精誠」である。「大医精誠」では、医療を実践するうえでの心構えを説く。前半部を要約すると、次の五箇条にまとめられる。

(1) 誤診のないよう細心の注意を払う。
(2) 医の源流を博く極めて倦まず弛まず研鑽を重ね、他人の話の受け売りで医道をすでに極めたなどと言わない。
(3) 治療に際して精神を安定させ、無欲無求で、まず大いなる慈悲・憐憫《れんびん》の心を喚起させ、あまねく衆生の苦しみを救おうと誓願する。
(4) どんな患者に対しても差別なく平等に、自己の利害を離れて診察する。
(5) 他人の苦悩を我が身のこととし、危険を避けず、昼夜、寒暑を問わず、どんなに空腹で疲労していたとしても一心に救うことに専念し、報酬《ほうしゅう》などの余計なことは考えない。

以上のことができてはじめて「蒼生《そうせい》（あおひとぐさ）（民衆）の大医」になれるし、逆のことをするなら「含霊《がんれい》の巨賊《きょぞく》（人類の大敵）」になってしまうと言う。この論説では仏教的な慈愛加護の色合いを感じさせている。しかし、後世には儒医の心得としてしばしば引用され、「医は仁術」という名文句を生み出した（例えば、貝原益軒『養生訓』を見よ）。

医療倫理の標語には、緒方洪庵《おがたこうあん》がドイツのフーフェランドの所説を十二カ条に要約した「扶氏医戒乃略」もよく知られている。両者を比べると、内容的にさほど代わり映えがしない。『千金要方』に独自であるのは、「精誠」という二文字で統括していることだ。「精誠」は、技芸の術者が道を究めて体得すべき境地なのである。

第五節　王充の「気」の自然学

陰陽二気から元気へ

精誠によって物類相感現象を引き起こし、天をも感動させうるという側面を強く認識すれば、人為的な働きかけによって自然が克服できる。漢代には、経学における災異思想が流行し、陰陽五行説による天人合一説が強調されたので、精誠の哲学はさほど目立たない。儒生の災異説は、政治的過失を戒告《かいこく》する天の意思の解読を試みるから、天人感応であっても、精誠の哲学とは一線を画している。しかし、災異を消沈させるために為政者に有徳の行いを要請するとして、それでどうして災難を回避できるかと論じる場合には、精誠が天を感動させ、天の恵みがもたらされるようにするという理念を当てはめている。

人間が自然への働きかけをどのように原理づけるかは、自然哲学の中心的な命題である。だから、天人感応を誘発する精誠のメカニズムは、当時においては大いに注目を集めたにちがいない。

天と人の感応を結びつける陰陽五行や精誠は、いずれも「気」の状態変化であることは言うまでもない。物類相感説では、因果関係が想定しえないほとんど異類と思われるものを、陰陽二気によって同類とするところに特色があるが、「二気」はさらに概念化して、「一気」「元気」になっていく。また、陰陽二気が一気になる中間的過程に、太極図説などでしばしば唱えられた「陽中の陰」「陰中の陽」の考え方がある。それについては、『淮南子』許慎《きょしん》注に「虎は陰中の陽獣で、風と同類であり、龍は陽中の陰虫で雲と同類である」（『太平御覧』巻九二九所引）、類書に引用された、『春秋緯元命苞《しゅんじゅういげんめいほう》』にも「龍の言は萌である、陰中の陽である。故に龍挙《あ》がりて雲興《おこ》ると言う」（『太平御覧』巻九二九所引）、『呂氏春秋』仲冬紀、「虎始交」条の高誘注でも「虎は乃ち陽中の陰である、陰気が盛んになり類を以て発する」とあるように、物類相感を説明する原理に適用された先駆的な例がある。

精誠のパワーは、心の内面に生じた有意、無意を問わない意思、心念が集中力を研ぎ澄ますことで、身外まで作用を発揮し、遠大な天地自然にも通達し、感動させ、感応現象を引き起こすことができるというところにある。それは、老子の弟子、彭祖《ほうそ》を開祖とする養生術における「守一」「存思《ぞんし》」といった瞑想法に近似する。やがて、道教の「内丹」、禅の「内観」といった身体技法、宋明の儒者が唱える学問的修養論に展開していく。精誠の哲学が主張した天人合一的な心身論は、「気」の自然哲学へと大きく飛躍する。

その史的展開を考えると、漢代の著作には、その萌芽がすでに存在する。とりわけ、災異説を手厳しく批判する一方で、求雨術や物類相感説を容認した王充がユニークな存在として浮かび上がってくる。なぜならば、政治思想と自然学の両域に跨《また》がる術数学のパラダイムに、虚妄のダメ出しと科学知識としての有用性の峻別を行い、独自の自然学を唱えたからである。

王充の占術擁護論

王充と言えば、先にも記したように、災異思想が主張した自然現象と人為との因果関係を俗信として真っ向から否定した学者として知られる。ところが、『論衡』乱龍篇では、董仲舒の求雨術を論駁するどころか、その逆に擁護論を積極的に展開する。求雨術が実効あるものであることを、十五の証拠、四つの道理を挙げて力説して、その正当性を証明しようとする。

土龍で雨を降らせることができる理由として、『易』文言伝の「風は虎に従い、雲は龍に従う」の一文を引証し、「陰陽は類に従うので、雲雨が自然にやって来る」と述べる。また、第一の証拠として「東風が吹くと酒が発酵し、鯨魚《げいぎょ》が死ぬと彗星が現れる」という物類相感現象を引き、それが「天道自然、人事に非ざるなり」とし、「その事は、彼の雲が龍に従うというのと、同一の事実である」と断ずる。さらに土龍が作り物であって本物の龍ではないとする批判に、陽燧《ようすい》、方諸《ほうしょ》が日月から火水を取るのと同じとする。

つまり、同類の感応関係が自然現象の支配原理として働いていることを認め、たとえ作り物の龍であっても雨雲を招き致すこともできると言い切る。物類相感説に依拠して、求雨のメカニズムを証明してみせた。

王充は、求雨術、物類相感説とともに天文占、相術などにも強い関心を持った。『論衡』命義篇には、

　国命（国家の命運）は、衆星に繋がっており、列宿に吉凶があると、国に禍福があり、衆星が推移すると、人に盛衰がある。

とあり、天文占の基本とする概念を陳述し、吉凶禍福を予見する占術を肯定的に捉える。そして、『論語』顔淵篇の「死生　命有り、富貴　天に在り」の発言に言及し、孔子が天命の存在を明言したものとし、「死生　天に在り、富貴　命有り」とは言わないことを、死生（寿命）と富貴の違いとして問題にする。

富貴については、天の星象の富貴が人に宿ったものであるとするのは、天文占の基本概念である。王充の理解は次のようである。天には百官に配された衆星がある。天が人に施す気には、衆星の精気がそれぞれ含まれており、その気を稟《う》けて人は生まれる。だから、天の星象の貴賤貧富に従って、その星の精気を稟得した人は富貴になる。すなわち、天から授かる命は気を媒体として稟受されるとし、その気はもともと星の精気を含むものであるから、星の百官が人に投影されることに不自然はないと考えるのである。

一方、死生については、星に貴賤富貴はあっても、寿命があるとは考えにくい。そこで、星象が天にあるわけではないから死生には「天に在り」とは言わない、という理屈を導き出す。では、寿命の長短

は何によると考えたかというと、発生論的な視点を持ち込む。

その議論は、『論衡』気寿篇に詳しい。まず、前提として天命そのものには長短はなく、すべて均一であるとする。天命の稟受は、厳密に考えると、父母の気が合わさる受胎の時である。そして、本性や身体が次第に形成されるのは、受胎から出産までの妊娠期においてである。したがって、寿命は、その発育過程において決定されることになる。そこで、王充は天から命を稟ける際には、気（元気）が介在し、その気には厚薄があるから、気を稟けた身体には堅強、軟弱の違いが生まれ、寿命の長短が決まると考え、次のように言う。

いったい稟けた気が厚いとその身体は強く、身体が強いと命は長く、気が薄いと身体は弱く、身体が弱いと命は短い。命が短いと、病気にかかりやすく寿命は短い。生まれたばかりで死んだり、産む前に死傷するのは、気の稟け方の薄弱による。

天命そのものに左右されるのではなく、気の厚薄によって違いが生じるとするのは、寿命だけに止まらない。それは、多種多様な万物が生み出される理由でもある。

命義篇でも同様の論法で、寿命の長短を気を媒体として稟得する身体的特徴によって説明している。だから、富貴の場合のように天文占的な発想は適用しない。ところが、気の厚薄によって様々に形象化した「体」が、その人の命運の大きな決定要素となると考えるところに、骨相術という意外な方向への接近が見られる。

骨相のメカニズム

命義篇の最初の議論において、骨相術に関する言及がある。すなわち、歴陽の町が一晩で湖の底に沈んだり、秦の白起《はくき》が長平の町で趙兵四〇万人を生き埋めにした事件等を引き、同時に大勢の人が死亡することを根拠として天命の存在を否定する墨家支持者の見解を取り上げる。

天命の存在を支持する王充は、その見解に反論する。すなわち、溺れ死に、圧死する運命にあった人々がそこに集まったとし、長生きできるはずの人も含まれていたが、時運が衰微する時には天災人禍に巻き込まれて天寿を全うできないことがあると考える。そして、宋・衛・陳・鄭の四国が同じ日に火災に遭ったという『春秋左氏伝』昭公十八年の事件を類例に引き、隆盛の禄運を有する人がいたのに、災禍に巻き込まれたのは、国禍が個人の禄運を凌ぐからだとし、「国命は人命に勝り、寿命は禄命に勝る」と国家と個人における命禄の相互関係を一般化する。

また、大量死が天命を否定することにならない論拠に、漢の高祖が決起した時、豊沛《ほうはい》の郷里に貴くなる人相の人々が多くいた故事を引く。当時、人相術は大いに流行していたが、王充はその占術を是認する。

人には長寿、若死の骨相があり、また貧富、貴賤の骨法がある。ともに身体に現れる。だから、寿命の長短はいずれも天から稟けるものであり、骨法の善悪はいずれも身体に現れる。命が夭折にあたれば、すぐれた行いを稟得していても、最終的には長生きすることはできず、禄が貧賤にあたれば、善性を保有していても、最終的にはやり遂げることはできない。

異才、善性の資質があっても、天命で定められた寿夭、富貴の命禄は変えられないことを、骨法に依拠して証明しようとする。また、偶会篇での「短寿の相」、語増篇での「高祖の相」、講瑞篇での「聖賢の奇骨」など、他篇でも肯定的に人相術を論じている。しかも、弁論上の都合でその有効性を仮に認めたという程度ではない。別に骨相篇を立てて、人相術の理論的根幹である骨法を取り上げ、その信憑性を大いに主張する。

骨相篇では、骨法とはどのようなものであるかを説明して、

命は知りがたいと言う人がいるが、命はきわめて容易に知ることができる。何によってそれを知るかというと、骨体を用いる。人は命を天から稟けるから、表候が身体に現れる（黄暉《き》の校勘に従い、「見」字を補う）。表候を観察して命を知るのは、升目によって容量を知るようなものである。表候とは、骨法のことを言ったものである。

と述べ、黄帝以下の聖人に貴相があったこと、漢の高祖とその妻子に富貴の相があると占われたエピソードなどを例証に引く。そして、結論としては、

人は、気を天から稟け、形を地に立てたのであるから、地にある形を観察して、天にある命を知るのであれば、その実が得られないことはない。

とし、骨相術が天命を知りうる有効な手段であることを断言する。つまり、天から稟けた気の厚薄は、身体の特徴に具現するから、逆に骨格や風貌から推し量れば、寿命の長短、富貴貴賤の命を知ることができると考えるのである。

荀子と王充の人相術

骨相術の知識を重んじたことは、それによって様々な虚妄の言説を論駁していることからも確認できる。すなわち、禍虚篇では、匈奴討伐に活躍した漢の将軍李広が侯に取り立ててもらえないことを嘆いて「俺の人相が侯に当たらないのか、あるいはもとより天命なのか」と語ったのに対し、雲気占いを行う術者が李広の過失（投降した敵八百人を殺害したこと）にその原因があると語ったとされること（『史記』李将軍伝）について、術者の見解を間違っていると批判し、

人が侯に封ぜられる場合には、おのずと天命がある。天命の符は、骨体に現れる。

と言う。そして、大将軍の衛青《えいせい》が若かりし時、囚人が侯に封ぜられる貴相があると占って、その通りになった故事（『史記』衛将軍伝）を引いて、実効のある占いができた反例を示している。この議論には、当時の占術に対して単に盲信するのではなく、論理的に是認しようとする王充の立脚点が端的に現れている。

人相術を是認するかどうかの問題は、天命や本性の先天的資質と後天的修養の関連性をどのように考えるかに関わってくる。天命そのものを否定する立場を取るならば、人相術の信憑性を当否から考察するだけでよいが、天命を信奉する場合には、それだけではすまない。

人相術を議論の対象とした最初の思想家は、荀子である。『荀子』非相篇において、「形を相ることは心を論じることに及ばない」とし、外形の長短、大小、美醜は、内面の心と合致しないことを強調する。仁義徳行という「常安の術」を実践し、礼秩序を保守することで、心を正しき方向性に持ってこようと

する荀子にとって、先天的な形質は完成度の低いものと見なさないわけにはいかない。しかし、墨子のように天命による決定論を否定するのでなければ、生まれてからの修養と齟齬《そご》をきたすとしても、人相術のようなものに対しても天命を知りうる手だてとして部分的に肯定する中途半端な立場にならざるを得ない。

ところが、王充の場合は、徹底した天命支持論者である。もちろんすべての努力を放棄するわけではない。『論衡』率性篇では、痩せた土地を開墾によって肥えた土地に改善できることになぞらえて、本性を教化して悪から善に導くことができるとし、天然の鉄も鍛錬しなければ名剣にならないことにたとえて、本性の不善を改善することができるとする。しかし、先天的に決められている命を覆すことができるほど、本性の教化を過大評価はしない。

なぜなら「貴賤貧富は命なり、操行の清濁は性なり」（骨相篇）という命題から明らかなように、操行（性）の善し悪しによって富貴の禄命は得られないというのが、王充の基本的な立場であるからである。したがって、率性篇は王充の性命論における傍流の議論であり、むしろ骨相篇の主張のほうに強く傾斜しているのである。

骨相篇において、富貴貧賤の命に骨法があるだけではなく、操行の清濁を法理づけている性にも骨法があるとしていることも興味深い。具体例に范蠡《はんれい》や尉繚《うつりょう》が越王、秦王の人相から性格や行動の特色を見抜き、来るべき憂事を予見したことを示し、天命や本性が人間の形体に密接に繋がっていることを証明しようとする。

王充の自然認識

骨相、人相をめぐる議論の思想的背景となっているのは、生物という存在を発生させている自然の捉え方である。その理念は、『論衡』全篇を貫いているが、自然篇の主張がもっともわかりやすい。すなわち、天地が気を合して万物が生じるが、誰かのためにそれを生じているという目的論的な天の有意性を認めようとはしない。夫婦の合気によって、子供が自然にできるように、万物はすべて自然発生的に生じてくるとする。だから、それぞれの存在物の相互関係に、天の有意的行為を介在させることはしない。万物を生じる天地は、無為であり、だから自然である。

万物はすべて自然に発生し、自然に成長する。天は無為で、その営為に直接には関わらない。しかし、天から命を授かるという点では、万物は間接的に天の支配を受ける。それは、気を通してである。気の厚薄によって、形体と性質がおのずと形成される。だから次のように言う。

至徳があって純厚な人は、天気を稟けることが多い、だからよく天に則ることができ、自然無為のままにいられる。稟けた気が少ないと、道徳に遵《したが》うことができず、天地に似ていない。だから不肖と言う。不肖とは、似ていないことである。天地に似ず、聖賢と類似しない。だから、有意になってしまう。

何らかの意図をもって、手を出したり、口を出したりすることはない。本性に従って、あるがままに振る舞わさせる。それが、無為自然によって天が万物を支配するやり方だ。したがって、万物の存在のあり方に、天の支配による法則性を見いだそうとすると、気の作用に帰着させるしかない。だから、天命の稟受を担う気によって命、性、体の形成を把握し、さらに形体というものにも宿命の表象を認め、骨法まで援用してくるのである。

形体がその個体にとって支配的な要素と見なされることについては、無形篇にその典型的な考え方が示されている。すなわち、延命長寿の仙術のように、人間の寿命が増減できるとする考えに疑問を投げかける。その理由として、人間の身体の大きさが定まっており、その大きさを自在に変化させることはできないからであるとする。身体を粘土や銅から製作する器にたとえて、次のように説明する。

器の形がすでに定まれば、大きさを変化させることはできない、人体がすでに定まれば、寿命を増減することはできない。気を用いて性を造り、性が完成すると命が定まる。体気（身体を構成する気）は形骸と抱き合い、生死は期節（定まった時節）とともに待つ。形が変化できなければ、命は増減できない。

また、万物の寿命がそれぞれ物類によって異なることを説明して、

気や性が均しくなければ、形体も同じではない。牛の寿命は馬の半分で、馬の寿命は人間の半分である。そのようであれば、牛馬の形体は、人間と異なっているのである。牛馬の形を稟ければ、当然牛馬の寿命が得られる。牛馬が人間のような形に変わらなければ、寿命は人より短いままである。

と言う。寿命と形体の関係について、蝦蟇《がま》が鶉《うずら》になり、雀が蛤《はまぐり》が変身したり、蛾《が》や蟬《せみ》のように幼虫から脱皮するものであれば、別の形に変わるから、当然寿命も変わることは認める。同じ理屈で、形が同じであるなら、寿命は天から賦与されたままであると断ずる。

つまり、神仙術が信用のおけないものであるというレベルの議論ではない。気の厚薄によって形成される「形」にかなり拘泥する。だから、形体が変わらなければ寿命は増減できないという結論を導き出し、さらにそれを推し進めて、骨相術の論理を援用しつつ、天命は形体に表象されるとする論理を主張するのである。

斉世篇でも、後世より上代がすぐれているとする退化史観に反駁して、天から稟受する元気は、古今で異なることはなく、性も、形体も均しいから、美醜は等しく、寿命も変わらないと述べる。しかも、それは、万物の発生すべてにあてはまる原理であるとしている。

自然哲学の転換点

以上のような自然の概念で人間の発生や生育を把握する立場は、自然の災害、異変が為政者の過失を天が譴告《けんこく》したものとする、いわゆる災異説を否定する考え方と表裏関係にある。自然篇では、天はあくまで無為であり、災異現象が生じるのは気がひとりでに作用した自然発生的なものであることを力説する。そして、次のように述べている。

天は尊貴、高大なものだから、どうして選り好みして災害、異変を起こし、人を譴告することがあろうか。且つ吉凶の彩色は、顔面に現れる。人がそれを作るのではなく、彩色がひとりでに発生する。天地は人間の身体と同じようなものであり、気が変化するのは、（顔面の）彩色と同じである。人が模様を作ることができないのであれば、天地がどうして気の変化を生じさせることができようか。そうであれば、気の変化が出現するのは、ほとんど自然発生的なものである。変化がひとりでに出現し、彩色がひとりでに発生する。占候家は、それに依拠して占断を下すのである。

自然現象に対する災異家の解読が誤っているのとは対照的に、占候家には依拠するものがあるとするのだ。治期篇にも、人の吉凶が顔色に現れるとし、それを災異と対比させる同様の議論が見られる。

人が熱病で死ぬ場合には、前もって凶色が顔面に現れる。その病いは邪気に遭ったからである。

……水旱の災は、人が邪気に遭《あ》って病いにかかるようなものである。

そのように、天文占や人相術が自然発生的な現象を把握しうるものであると肯定的に理解し、それを論理的基盤として災異説批判を繰り広げる。自然学の知識が政治思想に「悪用」されていることを糾弾しようとするのは、『論衡』の中心的な命題なのである。

以上のように、王充の『論衡』は、経験的認識や科学精神による俗信批判が高く評価されるが、批判のための批判ではなく、根底には確固たる独自の自然哲学がある。経験主義的な見地から是認した自然学の科学知識が、当時の政治思想に歪められた形で利用されていることを厳しく糾弾したのである。

「気」の自然哲学の先駆者として、これまであまり注目されないのは、自然学に「占術」の要素をかなり含めているからである。しかしながら、先秦以来の自然哲学的な言説を包括的に考察対象に取り上げ、求雨術、天文占、骨相術から寿命論、胎児発生論に至るまで、広い範囲にわたる自然哲学的な考察を繰り広げており、災異説と物類相感説の二つの方向性に是非の明確な線引きを試みている。王充の議論は、漢代の思想的変革の過渡期において、古代の総括を行うとともに中世、近世の「気」の自然哲学を先取りした議論を繰り広げている。迷信批判と占術擁護の差異に明確に発揮される王充の科学思想は、術数学という視座において、はじめて立ち現れてくるのである。

物類相感説や精誠の哲学は、先秦諸子が多様に唱えた天人合一の思想が交錯し、混ざり合うことで形成されたものである。古代から中世へと推移するにつれて、国政の善し悪しを判断する基準として災異を考えるか、自然操作の方向性を強く意識するかで、再び経学的な政治思想と道教的な自然哲学に分かれていく。王充の自然哲学は、ちょうどその分岐しはじめる境界線上に位置する。王充は儒家思想に加担せず、占術を含む自然学（術数学）の味方についたが、後漢の思想家の多くは逆の立場から方術の科学知識を儒家的に純化して取り込もうとした。その動向は、先秦方術から中世術数学への変容とパラレルな関係にある。

漢代思想という特異空間

術数学の理論形成を総括するならば、基礎理論の核の部分はほとんど先秦から漢初に至るまでに出揃っていた。そして、『呂氏春秋』『淮南子』や新出土資料において、後世の自然学や占術の素型となる言論や数理が多種多様に展開されていた。自然哲学または術数学のパラダイムと呼びうるものは、すでにそこに成立している。

それが社会思想として広まり、先秦方術の世界から巣立っていくには、これまで論及していない話題を深く掘り下げる必要がある。その中心的な論題は、思想界の構造的な大改革である。王莽の政権簒奪《さんだつ》から光武帝の漢王朝再興へと至る国家体制の変動は、政治思想の展開においては、董仲舒が主唱した災異思想が革命イデオロギーの讖緯思想へと変容することによって説明される。術数学的なアプローチによれば、その大変動を主導したものは、暦運の思想である。そこには、漢代術数学の主役である「天文暦数の学」が深く関与している。

天文暦法の歴史においては、顓頊暦から太初暦、三統暦を経て後漢四分暦への改暦事業において、数理天文学的な業績評価がなされている。しかし、施行暦を製作した天文暦学の研究グループの問題ではなく、在野に術士達がいて独自の暦術を考案し、王朝交替の終末論を流行させた。

先秦から前漢にかけて権力者の周囲に暗躍した「方士」または「方術の士」は、学問的修養を積み道徳を実践する「儒生」と対比して、怪しげな方術を駆使する悪役扱いがなされる。秦の始皇帝の時に不死の霊薬を詐称し、坑儒事件を巻き起こした方士達は、確かに悪徳詐欺師と呼ばれても仕方がない。

しかし、神仙薬の研究を行ったり、丹薬や呪術的療法を用いる煉丹士、呪術師が当該の方士と同一人物とは限らない。いつの時代でも、金になることに目聡い輩はおり、うまく立ち回って出世を遂げる人物がいる。すぐれた技能に目をつけ、権力者に取り入るには、それなりの弁舌と智謀が必要である。仙薬が否定される今日においても、霊感商法や詐欺行為は依然として存在するし、政界の金権をめぐる怪しい動きはなくならない。まして、仙薬、占術が非科学と断罪されるどころか、王侯貴族に重宝されていた当時では、なおさらである。方士の周辺にいる人物に儒生が皆無であると言い切れるほど、両者の色分けがはっきりしていて儒生と方士が峻別できるわけではない。方術の「科学知識」が儒生と方士に共有されているのであれば、政治家、学者がペテン師、詐欺師に加担する側に立つこともある。だから、結果として権力者の逆鱗に触れたら、どんな高い志を有した諫言の士であっても、命を落とす危険が待ち受けている。「坑儒」が騙《だま》した張本人の方士集団だけではなく、儒生にも及び、むしろ「儒者」への弾圧として強調されているのは、始皇帝が暴君であるという簡単な話ではおそらくない。

自然探究の学問の難しさは、求められている社会的有用性が延命益寿だったり、超常現象や未来の解読だったりするところにある。医薬学や天文暦学は、病因論や惑星運動論にどんな高度な理論化を達成しても、丹薬や天文占を放棄すれば、国家的支援は得られない。したがって、秦の始皇帝の時代に限らず、方士的な存在の人物は裏社会に横行する。それは、自然科学の体質というより社会構造の問題である。ところが、国家レベルで怪しげな方術に夢中になり、儒生が方士に限りなく接近していく時代があった。

それが、前漢末から後漢初である。思想的な大改革が勃発するにふさわしい特異な思想空間がそこに広がっている。その思想革命を構造的に把握するには、災異から讖緯への流れとともに、当時に流行した暦運説、終末論に数理的な考察のメスを入れる必要がある。

漢代は、先秦諸子の思想を統合して体系化し、学術的基盤を確立させ、古代から中世、近世への大きな転換期になった。しかし、漢代の思想を前後の時代とは隔絶した特異例として脇に置き、先秦と三国時代以降の連続性を探れば、漢代のフィルターを透過して綿々と伝えられたアイデアが浮かび上がることもある。少なくとも自然探究の学問とその応用術を複合する術数学の視座から眺めれば、そのような傾向を強く窺うことができる。漢代の学術文化の特殊性を視界に入れながら、第二部で詳しい議論を展開する。

第二部　漢代思想革命の構造

第一章　原始儒家思想の脱構築

第一節　諸子百家から儒教独尊へ——思想空間の漢代的変容

老子と孔子の二極構造

中国の学術思想の流れを振り返ると、先秦から漢初に大きなピークがある。春秋戦国時代には、諸子百家、九家十流などと呼ばれるほどに多士済々の思想家が自由な立場で様々な主張を繰り広げた。中国思想の基型となるアイデアは、ほぼこの時期に出尽くしており、中国思想史、哲学史の概説書には諸子百家の思想で半分くらいの分量を割いているものがある。ところが、先秦の思想空間がそのまま後世に受け継がれていくわけではない。秦漢に中央集権的な国家体制が成立すると、思想的にも大変革があり、先秦の思想地図を大きく塗り替えた。

司馬遷の父、司馬談は、「六家の要旨を論ず」（『史記』太史公自序所引）において、諸子百家の中心的な学派を陰陽家・儒家・墨家・名家・法家・道家（道徳家）の六家に分け、それぞれの思想的特色を要約する。そして、道家が諸家の長所を包括すると称え、儒家の主君による道徳統治論を斥ける。

術数学に直接に関わるのは、陰陽家である。司馬談は、陰陽の術を批評して、占いの事項にはとてもめでたいこともあれば、忌避《きひ》すべきことも数多くあり、人を拘泥《こうでい》させ、しばしば畏れを抱かせるが、季節の巡りに順うことを秩序づけるところは見失ってはいけないと述べる。種々の占いを信じて日選びや方位の禁忌に右往左往する愚かさは、古今に共通する。司馬談の迷信批判はもっともであるが、その一方で占術が依拠する数理には、季節の巡りに順って生きるという重大なコンセプトがあることを指摘する。六家のなかに陰陽家が入っているのは、その自然哲学的言説にある。

諸子百家のなかで最も大きな影響を与え、信奉されたのは、老子であった。『老子』が漢初まで広く愛読されたことは、その写本が馬王堆三号漢墓から二種の帛書、郭店一号楚墓から三種の竹簡が出土していることからもわかる。儒家の孔子も尊敬される存在であったが、老子と対極にいるライバルとしての扱いだった。周王朝の秩序回復、家庭内道徳を社会に敷衍する政治実践といった儒家思想は現実からかけ離れた復古を唱える理想主義にすぎないと批判された。そのために、道家の自然哲学のほうが断然優位に立っていた。

道家思想の二つのベクトル

老子を開祖とする道家思想には、二つの側面があった。すなわち、荘子の自然哲学に継承された「無」の思想、彭祖の養生思想に発展した「生」の哲学である。今日に知られている「無」の思想、反文明、反学問の脱エリート主義という側面は、荘子によってさらに深められた。自然界の摂理を踏まえて人間の存在価値や意義、社会の功罪を追究し、自然に因循したあり方、世俗を超越した生き方を唱える。中国的ニヒリズムと呼びうる老荘の自然哲学は、近代の実存主義を先取りしている。人々に隠遁、超俗の生き方に強い憧れを抱かせ、理想の処世観を描き出した。しかしながら、後世において、老荘の議論をさらに発展させた哲学書が著されるわけではなかった。最も敷衍され、実践されたのは、むしろ「生」の哲学のほうであった。

「命は金では買えない」。古今東西に共通する格言である。天から賦与された命は有限であり、大きな個人差がある。多くの利権を専有する富貴の人々にも容赦がなく、有徳、善行を積んだからといって猶予されない。そのような自然の常理は、人々に長寿願望、不死幻想を強く抱かせた。天寿を全うすることに人生の最大の価値を見出し、長生きすることを哲学的命題に掲げた最初の思想家こそが、老聃（老子）にほかならない。

老子は言う、

天は長く、地は久し。天地の能く長く且つ久しき所以《ゆえん》の者は、その自ら生ぜざるを以て故に能く長く生きたり。（第七章）

万物を化育させる天地の悠久さは、天も地も自らの子孫を産むことをしないことに起因する。だから、長生きを目指すならば、学問を修めて知恵を増す生産的な行為を排除し、非生産的な生き方をすべきである。

学を為せば日に益し、道を為せば日に損す。之を損して又損し、以って無為に至る無為にして為さざる無し。（四十八章）

無為自然とは、社会的、道徳的行動と推奨される行為を一切放棄し、生理的、動物的な活動を最優先させ、自然の流れにそってありのままに生を全うすることである。学問を修め、道徳を実践するのは、社会的自己を増大させ、やがてストレスを感じて身を損なったり、人に恨まれて命を落としたりするはめになり、夭折の憂き目にある。受験や仕事に追われて苦悩する文明人をあざ笑い、立身出世のために我が身を擦り減らすより、隠棲して社会に無用な存在になるほうが、かえって真の用である天の賦与したノルマ（寿命）を果たすことができる。既存の価値観、人生観を転覆させ、すべては長生のために生きろと言い切るところが、いかにも老子らしい。

儒家が称える国家への献身、社会への奉仕は、身を損なう危険性があることを指摘し、天地自然の摂理に依拠した生き方、長生久視のための治身を追究する修養論を主張したのである。そのユニークな生き方は、人々の理想像を治世の聖人崇拝から不老不死の仙人志向へと方向転換させた。

彭祖の養生術

老子の生の哲学は、弟子の彭祖に受け継がれた。彭祖は、実践的な身体技法を考案し、老子の自然哲学を踏まえて理論づけを行った。彭祖の養生思想を理論的支柱とすることで、不死願望による神仙思想、煉丹術《れんたん》は人々を魅了し、長生、養生の技法は後世の庶民生活に深く根ざしていく。また、黎明期の医療文化の形成にも大きな作用を発揮した。

老子と彭祖が有名な存在であったことは、『論語』にも言及があることで確認できる。

子曰く、述べて作らず、信じて古を好む。窃《ひそ》かに我が老・彭に比す。

老・彭（老子と彭祖）が古代尊重の「好古」を実践した人物であるとし、自らを彼らに擬《なぞら》え、手本としていると述べる。孔子は老子に礼を尋ねたとされており、古に通じた教養人として老子や彭祖を尊敬する対象であると考えているのである。

冒頭の「述べて作らず」というのは、儒家的な学問観を代表する言葉である。孔子は文王、武王が建設した周王朝では理想政治が行われていたと考えるが、聖人の教えを祖述することに努め、そこから離れて自らの主張を唱えることを良しとしない。中国の知識人は、この発言に影響を蒙って、聖人の教えを語り継ぐことに価値を置き、経書の解釈のなかに自らの意見を投影させ、自らの思想、哲学をダイレクトに主張し、著述することに消極的であった。そのような大きな影響力を持った言説における理想的人物像に、老子と彭祖が登場するところに、道家対儒家という対立的図式が成り立っていないことが示唆される。

彭祖の養生思想の要諦は、四時の変化に因循して生きることにあり、生命を枯渇させないために適度の運動を行い、身体の気を循環させる長生術の実践を提唱した。張家山漢簡『引書』に言う。

> 春は産（生）み、夏は長じ、秋は収め、冬は臧（蔵）す。此れ彭祖の道なり。夫れ留（流）水腐らず。戸《と》貙《すう》（戸の回転軸）槖《むしく》わざるは、其の動くを以てなり。動けば則ち四肢を実たし、五蔵を虚ろにす。五蔵虚ろならば則ち玉体利す。

「流水腐らず、戸貙　槖わず」は、『呂氏春秋』尽数篇に同類文があるが、近世、近代の武道家、気功家などもしばしば口にする名文句となった。「春生、夏長、秋収、冬蔵」の彭祖の道は、司馬談が指摘した季節の巡りに順った生き方を簡潔にまとめたものである。それらの養生思想は、個人から国家へと拡大して、「治身から治国へ」という主張を導き出し、道家の政治思想のユニークさを際立たせた。

彭祖に由来する長生の技法は、様々な心身鍛錬法であるが、精神的な修養を最も重視した。すなわち、『文子』（『淮南子』泰族訓に同類文）には、老子の言として、次のように述べる。

老子曰く、身を治むるには、太上は養神、その次は養形、神清らかに、意平らかにして、百節皆寧《やす》んず。養生の本なり。

「養神」の技法の一つに「存思《ぞんし》」がある。身体の各部位には天界の神々が降臨した体内神が宿る。体内神が立ち去れば、その部位は生気を失い外邪が侵入して病衰する。そこで、体内神を思い描き、天神との交感を行って体内につなぎ止める。この存思が徹底できれば、天神と合一状態になり、昇仙できる。そのような精神統一、イメージ集中の瞑想法は、仏教の止観、内観とも干渉し合い、近世道教の瞑想法である内丹の技法へと発展する。

先秦の養生思想は、中国医学の理論形成にも強い影響を与え、早期治療、予防医学あるいは食養生、健康法、美容術といった方面の研究に大いに取り組んだ。また、中世、近世には、儒仏道の三教において主張された修養論に基づいて、医意論、儒医論や医卜兼修といった興味深い医論が提唱され、医学倫理や技能的側面に革新的な試みがなされた。その結果、中国の医療体系は、思想、宗教や民間信仰と相互連環する文化複合体を構築してきた。その包括的な構造は、難病治療に特化した現代医薬学の狭隘な医療体制と正反対のベクトルを有しており、優れた特質を見出すことができる。

韓非子と黄老刑名学

老子は、道家者流のみならず、先秦諸子に広く信奉され、『老子』の読まれ方は実に多彩であった。道家、儒家や墨家は相互に対立し、批判し合うこともあったが、覇権を争って分立する諸侯が富国強兵、国家繁栄の方策を求め、全国から遊説家、弁舌家を集め、食客として優遇するようになると、相互交流の場が生まれ、次第に折衷的、統合的になる。斉都の臨淄《りんし》に集まった稷下《しょくか》の学士には、威王（前三五六―三二〇）・宣王（在位前三一九―三〇一）の時代に鄒衍、淳于髡、田駢、接予、慎到、環淵がいて、孟子も出入りしており、襄王（前二八四―二六五）の時には荀子が祭酒（学長職）になっている。

稷下の学での自由討論は百家争鳴と言われるが、具体的様相を伝える記録は乏しい。結果として戦国末に登場するのは、道家思想を政治思想に取り込んだ黄老道である。黄老とは老子と黄帝であり、彼らに仮託された自然哲学的な言説を展開し、天道自然の秩序法則に因循した「無為の治」を唱えた。

その統治術に強い興味を示したのが、韓非子《かんぴし》である。戦国を統一に導いた韓非子の思想は、荀子の弟子であり、人民を導く手段として荀子が提唱した「礼教《れいきょう》」による矯正《きょうせい》を「遵法《じゅんぽう》」による支配に置き換える。すなわち、儒家的な道徳主義を排除し、法術の駆使による君主権の絶対化を企て、中央集権的な法治国家を建設しようとする。そして、「刑名（形名）」という名家的な論理を援用する。「刑名」とは、「刑」（＝形、外に現れたもの、実績）と「名」（名目、名づけられたもの、職分）を指し、為政者は両者を比較し、名実が一致するかいないかで、賞罰を下す。職務怠慢は言うまでもなく、余計に頑張ったり、人の仕事をカバーしたりする場合でも、越権行為として罰すれば、人民に法を遵守し、秩序を乱すことがないとする。徹底した法治主義による人民統治法である。

その主張は、儒家が依拠する孝道の優先や徳治主義は、法治の原則が揺らぐ契機となることを強調し、人情を廃して信賞必罰に徹した極論を展開する。法家的な価値基準はぶれることなく、論理的で明快な議論になっているが、哲学的思索としては形式的、画一的で面白みがない。韓非子自身は、その欠陥に気づいており、『韓非子』解老、喩老両篇において、老子の自然哲学を無為清静の統治術として取り込もうと工夫する。老子の主張は、政治実践からの隠遁にあるので、そのような君主論は曲解であるが、隠遁の美学を臣下統御の帝王学にすり替える。為政者は虚無恬淡をカモフラージュし、心中を悟られないようにして下克上の危険性を回避し、権力を掌握しようとするのである。

中国思想史研究において、儒家を中心視する立場から、韓非子の評判は芳しくない。しかし、先秦諸派を集大成した思想家なのであり、秦漢以降の法治国家を建設するうえで、大きな影響力を発揮した。

儒教の官学化

前漢に入り、武帝期になるまでは、為政者の周辺では黄老刑名の学がもてはやされた。老子乙本巻前古佚《こいつ》書『黄帝四経』によると、策謀をめぐらす技巧的な法術だけではなく、天の観念や国家レベルの長生をめぐる自然哲学的な言説を展開する。それは、「治身から治国へ」という命題であり、国家と人体の構造を類比させ、天地自然と人倫社会との間を相関させる天人感応説がそこから導き出された。

武帝期になると、支配者階級が心酔した道家思想や黄老形名学は退けられ、儒家思想が台頭する。儒教を官学化し、国家の教育機関に五経博士を置き、五経を学んだ儒生を官吏に登用する道を拓いた。そして、儒家が唱える礼楽制度が本格的に導入され、中央集権的な官僚制度を支える政治イデオロギーとして儒家独尊の地位を築きあげた。道家思想はやがて野に下って民間信仰と結合し、道教という宗教組織の理論基盤になる。老子と孔子の地位はすっかり逆転し、先秦諸子百家の思想地図は塗り替えられる。老子の対極に孔子を据えた楕円型の二極構造は解体し、経学を基軸にした儒家を中核とし、その周辺に技芸、宗教が取り巻く同心円の多層構造に変化する。

この政治思想の構造的改革は、儒家と道家、法家、兵家との関係を対立の図式で捉えて、平和な安定社会には儒家の徳治主義がふさわしく、反文明、反教養の思想や権謀術数的な法術、兵術が斥けられた、というような単純な話ではない。それまでの哲学的命題が破棄され、儒家的話題に取って代るのではなく、多くは受け継がれる。治身治国論を例に取ると、議論は儒教の徒にも受け継がれ、清末まで政治思想の中心的な考究課題となる。立論の根底には天人感応説、物類相感説があり、説明原理には陰陽五行説を用いる。儒教の徒は、「怪力乱心を語らず」(『論語』)というスタンスで距離を置くどころか、躊躇《ちゅうちょ》することなく道家、陰陽家の自然哲学に接近し、天地自然と人倫社会の感応関係について自説を唱え始める。

つまり、真っ先に解体したのは儒家の学問的枠組みであり、他派の自然哲学、形式論理学を取り込んで自己増殖し、国家の学問として総合体系化したのである。漢代思想革命は、原始儒家思想の脱構築によって興起するのである。そのような学問的時空の変動には、大きな発動力が必要だった。エネルギー源は、老子と易の自然哲学、天文占星術と歴史哲学（春秋学）の災異説などが相互に交錯《こうさく》することによって産み出されたが、陰陽家の唱えた五徳終始説、天人感応説や方術の数理思想が起爆剤として大いに活用された。以下で、その具体的様相を窺うことにする。

第二節　災異、讖緯と天文占——政治思想と天文暦数学

董仲舒の災異説

異常気象による干魃、大雨、大水または疫病の流行などの社会不安は、今日でも政権の基盤を揺るがす治世の大問題である。漢代では、自然界に生起する災害は、為政者の過失、悪徳、横暴に対する天の下した戒告とし、無視すると日月食、地震、流星・客星の出現など、さらなる異変を引き起こして天威を示すと考えた。いわゆる災異説であるが、失政を批判し、悪徳政治家を糾弾する政治批判の武器に活用された。その提唱者は武帝に儒教政策を進言した春秋公羊学者の董仲舒である。

董仲舒は、『春秋』（孔子が編纂したとされる魯の国史）に記録された災異現象および公羊高の注解（公羊伝）を判例として、政治との関連性を類別的に明らかにし、災異解読の方法論を打ち立てた。そこには、天文暦数学の科学知識が取り込まれ、儒家的な徳治主義との接合が企てられていた。

実践的な政治思想であった原始儒家思想は、自然哲学的な思索に少し距離を置いたために、その方面の議論は道家、陰陽家に圧倒されていた。しかし、董仲舒の春秋災異説によって、陰陽五行説、物類相

感説によって理論づけられた天人感応思想が、経解釈の一環として憚ることなく議論できる場が切り拓かれた。

董仲舒が唱えた災異説は、思想界に大きな波紋を及ぼし、数多くの災異学者を輩出した。とりわけ、尚書学では夏侯始昌《かこうししょう》から『洪範五行伝』を伝授された夏侯勝《かこうしょう》、易学では京房《けいぼう》、斉詩学では翼奉《よくほう》といった人物が出て、それぞれ独自の流儀で災異を解読する方法論を唱えた。彼らの立論は経書を援用して経学的な装いが施されているが、災害、異変をめぐって大胆な政治的予言を行っており、訓詁《くんこ》を中心とする経典解釈学の域を大きく逸脱している。新奇な経学の手法は、漢代の政治思想を大きく転換させた。

原始儒家思想が天文知識を援用することで国家の学問に飛躍する。逆の見方をすれば、天文暦学の科学知識は五経に根拠づけられることで政治思想の表舞台に引っ張り出され、その有用性が認められることで、学問的な地位を大いに高める。それによって、経術に対する異端であった方術の科学知識は、災異説の理論基盤として儒家的に純化されて経学的知識体系に組み込まれ、国家公認の「サイエンス」に昇華する。それによって、先秦方術から中世術数学への変容が本格化していくのである。

眭弘の災異説：宣帝中興の瑞祥

前漢の災異学者の多くは、災異現象を解読し予言を的中させて任用され、出世するが、批判対象となった権力者の恨みを買い、失脚することもしばしばであった。命を賭《と》して最初に大胆な予言を行った早期の人物は、春秋公羊学者の眭弘《けいこう》である。昭帝の元鳳三年（前七八）に泰山の莱蕪山で怪異な現象が生起した。数千人が騒ぐ声がするので、人々が見に行くと、大きな石が立っていた。高さ一丈五尺、大きさ四十八囲で、地中に埋まる深さは八尺、三つの石を足にして自立し、数千羽の白いカラスがそばに雲集していた。それと連動して枯れ木が蘇る不思議な現象（「草妖《そうよう》」）が起こった。すなわち、昌邑《しょうゆう》では社の神木が枯れていたのに枝葉が再び生じた。都の上林苑（天子の庭園、長安の西方にあった）でも大きな柳が折れて地面に倒れていたのに、朝にひとりでに立ち、枝葉が蘇《よみがえ》り、葉に虫食いの跡があり、「公孫病已立」という文字になっていた。

『春秋』僖公三十三年、十二月に「隕霜不殺草、李梅実」（霜が降りたのに草を枯らさず、李梅が実った）とあり、枯れるべき李梅（スモモやウメ）が実るという異変を記す。この異常現象について、劉向《りゅうきょう》は「陰が陽の事を成し遂げるのは、臣下が主君の権力を勝手に使い、威力や福徳を自在に操ろうとしていることを象徴する」、董仲舒は「李梅が実るのは、臣下が強いからである」と解釈する（『漢書』五行志中之下）。

眭弘は、『春秋』の事例を推し量って次のように占断した。

柳も石も陰の類で、庶民の形象である。泰山とは、岱宗《たいそう》と称される大きな山で、新たに王となった者が姓を変え代を告げる場所である。いまそこに大きな石が自立し、倒れた柳が再び立ち上がったのは、人間の力の為せるわざではない。これはきっと匹夫から天子になる者がいるにちがいない。枯れた社木が蘇ったのは、廃絶していた家の公孫氏がまさに復興しようとしているのである。

民間人が天子となる受命の瑞祥であると見なしたのである。その人物がどこにいるかはわからない。

そこで、董仲舒の言葉を引いて説明する。

先師、董仲舒の言葉に「国体を継ぎ、文化を守る主君がいたとしても、聖人の受命を妨げることはない」と。漢家は帝堯の後裔であり、国を伝えていく暦運を保有している。漢帝は天下に尋ね問うて、賢人を探し求めるべきである。そして、帝位を譲り渡して、自らは退いて百里の地に封じ、殷周二王の子孫のように素直に天命を承るべきだと思われる。

受命が下った聖賢を捜し出し、昭帝に退位することを迫ったのである。上奏文をしたため、友人の内官長を介して奏聞した。幼くして即位した昭帝は十七歳であり、政治の実権は大将軍の霍光《かくこう》が仕切っていた。事件の二年前には、霍光とともに補佐役であった左将軍の上官桀《じょうかんけつ》が霍光のライバルである桑弘羊《そうこうよう》と組んで昭帝を廃立し、燕王劉旦（昭帝の異母兄）を擁立しようとしたが失敗に終わった。その動きを承けた眭弘の大胆な進言は、霍光によって却下され、衆を惑わす妖言として大逆不道の罪で誅殺されてしまうのも、当然の成り行きかもしれない。それでも眭弘が躊躇しなかったのは、春秋公羊学の教えに加えて、「漢家堯の後、伝国の運有り」という暦運説を信奉したからであろう。

後日談として、四年後に昭帝が急死し、昌邑王劉賀が即位するが、品行不良のゆえ在位二十七日で帝位を剥奪され、民間に下っていた昭帝の兄（劉拠）の孫を宣帝として擁立するに至る。武帝の太子だった劉拠は反乱を起こして一族もろとも処刑されたが（巫蠱《ふこ》の獄《ごく》）、生まれたばかりの宣帝は丙吉の擁護によって死を免れ、民間に下っていた。彼の名前は「（劉）病已《へいき》」であり、まさに「公孫病已立」の予言通り、廃絶となった公家の孫、病已が立ったのである。眭弘の災異解釈は的中しており、宣帝が即位すると、彼の子供は徴用されて官位を授かったということである。

『漢書』五行志の草妖

『漢書』五行志は、『春秋』や漢代の災異を類別的に掲載する。眭弘の話は、中之下に収める。そこの末尾には、次の第三節で言及する京房の『京房易伝』を引用する。

枯楊生稊。枯木復生、人君亡子。

「枯楊生稊」（枯楊、稊《ひこばえ》（新芽）を生ず）とは、『易』大過の九二爻辞である。京房の易説では、枯れた木が再び生き返る場合には、「人君が子供を失う」（世継ぎの子供ができない）とする。昭帝のことを念頭に置いて判例化したのだろうか。

類似した出来事は、元帝初元四年（前四五）に皇后の曾祖父、済《さい》南群東平陵県の王伯の墓で起こった。入り口の墓門の梓柱《しちゅう》に突然に枝葉が生え、伸びて屋根の上まで出た。劉向は王氏が高貴、盛大となり漢家に代わろうとする形象であると解釈した。王伯とは、王莽の高祖父であり、彼が帝位を簒奪《さんだつ》する半世紀も前の話である。帝位に就いた王莽は、

初元四年は、私が生まれた歳である。漢家九世の火徳の厄年《やくどし》にあたり、このような瑞祥《ずいしょう》が高祖父の墓門に出現した。門は開通することであり、「梓」は「子」のごとくである。その意味するところは、王氏に賢子が出て開通祖統を開通させようとしており、柱石である大臣の位より生起し、命を受け、王となる符瑞《ふずい》である。

と自ら解釈する。

さらに、枝が生える事例を三つ挙げる。

（一）建昭五年（前三四）には、兗《えん》州刺史である浩賞《こうしょう》が人民に私社（田社）を立てることを禁じた。山陽郡橐茅《たくぼう》郷の社に大きな槐樹《えんじゅ》があり、官吏がそれを伐採したところ、その夜のうちに樹木は元通りの場所に再び立っていた。

（二）成帝の永始元年（前一六）二月には、河南郡の宿場にあった樗樹《ちょじゅ》に人間の頭のような恰好の枝が生えた。眉・目・髭《ひげ》などみんな具わっていて、毛髪だけがなかった。

（三）哀帝の建平三年（前四）十月には、汝南郡西平県遂陽郷で地に倒れていた柱に人の形をした枝が生えた。身体は青黄色で、顔面は白く、髭や髪があり、成長して長さが六寸一分になった。

後の二条のコメントとして、『京房易伝』の占辞を引く。

王徳が衰え、（徳のない）下人が生起しようとすると、木に人の形をした枝が生える。

それらはすべて王莽の覇道《はどう》を予感させるかのようであり、王莽の無血革命を正当化するために劉向、京房の災異説が引証されている。董仲舒の災異説は、地上の失政に対する天の譴責《けんせき》であることを強調するが、劉向、京房の解釈は、そのような道徳主義的な色合いはなく、天文占、気象占に限りなく近似する。『春秋』『易』の経伝に関連づけながら、定式的な理屈づけがなされ、災異理論の構築を志向している。昭帝以降の政治思想が術数学の天文知識を学んで、革命イデオロギーの供給源になっていったことが、はっきりと明示される。

災異から讖緯《しんい》へ

災害、異変の自然現象をビッグニュースとして取り上げる風潮が次第に強まり、天地自然と人倫社会を相関させた自然哲学を儒生がこぞって追究するようになった。また、種々の占術、巫術《ふじゅつ》を操る民間の術士にも政界に進出するチャンスを与えた。

前漢末には、劉向《りゅうきょう》、劉歆《りゅうきん》によって理論体系化がなされる。その一方では、民間の方士によって易姓革命の暦運説によって漢王朝の衰亡を予言する暦運説が唱えられ、世紀末思想が流行するようになった。すると、災異思想は王朝交代の革命イデオロギーとして讖緯《しんい》思想に変容する。聖王出現の瑞祥、国家滅亡の凶兆と思われる超常現象が頻繁《ひんぱん》に生起し、それを易姓革命の予言、予知の道具に援用する。その結果、王莽は天子任命のお告げ（符命《ふみょう》）が下って帝位を簒奪し、光武帝は帝王となる未来記（図讖《としん》）によって漢王朝を復活させるに至る。

災異から讖緯へという思想的変容について、日原利国《ひはらとしくに》氏は過去の失政を対象とする限定的なものであったのに、未来の出来事の予兆と解釈するようになることを「予占化」とし、「儒教の堕落」と論断する（「災異と讖緯―漢代思想へのアプローチ」、『東方学』四三号、一九七二、後に『漢代思想の研究』（研文出版）に収録）。春秋公羊学研究の立場から、災異説が悪徳政治家を指弾し、為政者に道徳、仁愛を呼び覚ます諫言のアイテムだったものが、政権簒奪を目論む権力者に阿《おもね》る貢《みつ》ぎ物と化してしまったことを嘆いたのである。

しかしながら、災異学者はあくまで過去の出来事を検証することだけをよしとし、これから生起する出来事を予見することに消極的であったわけではない。そもそも彼らが依拠する科学知識は、天文占や占候易であった。災異説は、明らかに原始儒家思想を逸脱し、自然学または方術・術数学の世界に足を踏み入れている。八卦占いや占星術などの未来を語る学問は、今日的な合理主義による価値観を当てはめれば、すべて非科学的な「迷信」行為なのだろう。ところが、卜筮や天文占などの国家レベルの占術には専門官がいて大いに信奉されており、彼らの認識では、「サイエンス」の範疇であったにちがいない。占術にも学問と同様に聖俗の両面がある。デタラメな占い、アヤシイ巫術に惑わされないことを戒める言説を捜せば、今の世と同じような立場の発言は容易に見つけ出すことができる。世俗の占いに批判的だからといって、主君の近辺で行われている由緒正しい亀卜、易占、星占、夢占などの諸占術を世俗の占い、巫術と同一視し、予言的行為をすべて否定することはない。

とりわけ、国立天文台で日常的に行われる天体観測は、数理天文学の理論的向上を目的としているわけではなく、天の異変を察知し、地上で生起しようとする予兆、徴候を察知し、吉祥を招き寄せ、災禍を未然に防ぐためのものである。その前提には、天の異変は、聖人の治世、平和な社会では起こらず、政治の乱れ、社会の不安が増大することによって自然界の「気」に変調を来たし、天体の運行がおかしくなるという考え方がある。災異説は、そこだけを切り出して、原因となる為政者の過失を特定し、責任を追及したのである。

視点を反転させ、術数学的な視点から議論するならば、董仲舒の災異説は天文占の理論を経解釈に援用し、儒家的な改変が大いになされている。天文占理論は、元来、異常現象を誘発した失政、悪政の張本人を特定するためのものではないから、恣意的な解釈は免れない。当時の天文暦学者に言わせれば、未来を予見することを否定して経解釈と悪政糾弾に特化するなら、むしろ天文占の理論的歪曲であり、春秋公羊学者のほうが政治批判のための盗用、悪用ということになる。

占星術に対するイメージは今日とはかけ離れている。天文学から占星術が切り離されるようになるのは、十九世紀のことであり、ケプラーやニュートンが新理論を唱えた科学革命の時代でも天文学が占星術と訣別していたわけではない。中国占星術の場合、誕生日などにおける二十八宿の配当説によって個人の運勢を占うホロスコープ型の星占がなかったわけではない。しかし、それは民間で行われる傍流であり、国家レベルで行われていた天文占は、天の異変を察知して占断を導くものだった。すなわち、日月五惑星の天体観測の結果を理論値と照合した結果、常軌を逸脱する現象かどうかを判断して占う。ということは、運行周期を定式化し、日々の変化を数理的に導き出す必要がある。秦の顓頊暦から前漢の太初暦、三統暦、後漢の四分暦に至る惑星運動論は、きわめて高度な水準にあり、それに基づく精緻な暦法を考案していた。つまり、天界と地上の相関性がないと認識できなかっただけで、現象把握の方法論は「科学的」なのである。しかも、天文占理論の社会的、思想的な作用力は、今と比べることができないくらい大きかった。

そのように考えると、春秋公羊学の災異説は、『春秋』に依拠し、過去の出来事によって災害、異変の原因を解読するという方法論で天文占との差異化を図り、歴史哲学の正装を纏っている。しかし、正統的な天文暦学の基礎知識をきちんと学べば、予見、予知の学問に接近していくのは自然の成り行きである。その「予占化」と讖緯説への変容は、自然学と政治学との間の次元を異にする話である。讖緯説は、災異現象と対になる瑞祥現象を、王莽、光武帝のクーデターを正当化するために悪用したものであり、天文占理論のパクリの構図は変わらない。帝位簒奪の符命、政権奪回の図讖が捏造されたことに、王莽政権の国師である劉歆をはじめとして儒生が諫言しないのは、確かに異常事態である。後漢には讖緯説を経典化した緯学が成立するに至るのは、儒家の堕落というか、すでに先秦以来の儒家思想は解体している。しかしながら、それを天文占をはじめとする予言学のせいにするのは、まったくの濡れ衣である。

第三節　老子と孔子の交錯——易の台頭と京氏易

京房の考功課吏の法

京房《けいぼう》（前七八－三七）が活躍したのは、元帝期（在位前四八－三三）である。当時、政治の実権は、外戚《がいせき》と宦官《かんがん》にあった。元帝即位の当初は、蕭望之《しょうぼうし》、周堪《しゅうかん》および劉向といった大儒が尊任されたが、外戚の許氏・史氏や宦官の中書令弘恭《こうきょう》、僕射《ぼくや》石顕《せきけん》の専横政治を非難し、かえって蕭望之は服毒自殺に追い込まれ、周・劉も官から除かれてしまった。やがて、没した弘恭にかわって中書令となった石顕が、「病にかかって政治を顧みず、音楽にうつつをぬかしていた」（『漢書』石顕伝、史丹伝）元帝の寵を得て、政治の中枢を掌握し、元帝が崩御するまで権勢をほしいままにした。その党友は中書僕射の牢梁《ろうりょう》、少

府の五鹿充宗《ごろくじゅうそう》等であり、民衆は彼らの羽振りのよさを、

　牢（梁）や、石（顕）や、五鹿（充宗）の客や、印の何ぞ纍纍《るいるい》たる、綬の若若たるや。（『漢書』石顕伝）

と歌ったという。石顕は、自分を諫《いさ》める者を次々と失脚させ、あるいは殺害した。京房もその犠牲者の一人であった。

　京房が政界に進出するきっかけとなったのは、永光・建昭年間に頻発する災異現象についてしばしば上疏し、それが元帝の目にとまったからであるとされる。

　先に其の将に然らんとするを言い、近きは数月、遠きは一歳、言う所屢々中《しばしばあた》る。（『漢書』京房伝）

とあるように、災異を「解読」し、数カ月から一年先の出来事についての予見を行い、的中させた。

　出世の糸口をつかんだ京房は、元帝の召問《しょうもん》に応《こた》えて、災異を消す方策として官吏の功績を考査《こうさ》する法（「考功課吏《かり》の法」）を提言した。元帝は興味を示したものの、「煩砕《はんさい》」で「上下が互いに査察《ささつ》しあう」難点があるとして、諸臣の反対に遭い、その法の施行は見送られた。しかし、ある宴席で元帝に会見する機会を得た折りに、災異を引き起こす原因が石顕一派の専横政治にあることを力説し、その後さらに「考功課吏の法」に通じた弟子の任良《にんりょう》と姚平《ようへい》を刺史にしてその法を試行させ、自らは自由に宮廷に出入できる許可を得て奏事を担当できるように願い出た。ところが、石顕たちは、そうした動きを封じ込めるために、京房を魏郡の太守に左遷を命じた。そして、京房が都を離れると、禁中の話を外部に漏洩《ろうえい》した罪で獄に下だし（『漢書』淮陽憲王伝）、京房の義父であり、淮陽憲王欽《わいようけんおうきん》の舅《しゅうと》である張博《ちょうはく》とともに処刑してしまった。石顕をしばしば批判したという賈捐之《かえんし》（賈誼の曽孫）も、京房と同じく禁中の話の漏洩

という罪状でさらし首にされたところをみれば、それが石顕の陰謀であることは明らかである。

京房上奏文の災異説（1）

京房の災異思想について、具体的な立論が魏郡に赴任する際に書いた上奏文に残されている。すなわち、『漢書』本伝には、赴任直前の建昭二年（前三七）三月（原文「二月」銭大昕《せんたいきん》の校勘に従う）朔に奏上したもの、赴任の道中に新豊《しんぽう》と陝《せん》の二地でそれぞれ書いたもの、あわせて三通が掲載されている。最初の上奏文は、一月二十八日（「辛酉」、銭大昕の推算による、以下同じ）から二月十八日（「辛巳」）にいたる二十日間の天候の変化を、自分の左遷事件に関連させて議論したものである。

その間の天候の変化とは、一月二十八日以来、蒙気《もうき》（空を覆う黒い雲気）が衰え去り、太陽がはっきりと明るく輝くようになったが、二月十八日に蒙気が再び現れ、太陽が色を侵されるようになったというものである。

一月末からの「蒙気衰去、太陽精明」という平安な状態については、陛下が（京房の意見を受諾して）心を定められたことの表れであるとする。ところが、その時にすでに蒙気を再び生じるような「少陰が力を倍して消息に乗ぜんとする」不穏な動きが目に見えない形であり、それが京房の左遷決定という「天子が賢明であっても臣下がなお勝っている効験」となって具現したと論じる。

二月十六日（「己卯」）になって、王鳳《おうほう》に請《こ》うて帝に謁見《えっけん》を申し出たが果たせなかった京房は、魏郡の太守に任命された。そこで、仕方がなく歳の終わりに伝車に乗って帝に直接に事を奏上できるように申し出て許可された。二日後の十八日に「蒙気復た卦に乗じ、太陽　色を侵《おか》さる」という異変が生じた理由は、「政府の高官（「上大夫」）が陽を覆《おお》い、天子が心を惑わしている」表れであり、具体的には前の十六・十七日の二日間（「己卯、庚辰之間」）に京房を帝から隔絶し、伝車に乗って事を奏上することをさせないようにしようとする人物が存在したからであると考える。

その論説のなかで、注目されるのは、「少陰倍力」「乗消息」「乗卦」という表現を用いていることである。京房の主張する六日七分法（分卦直日法、「卦気」とも呼ばれる）では、六十四卦すべてを一年に配当するために、四正卦（坎《かん》・震・離・兌《だ》）や十二消息卦（復・臨・泰・大壮・夬《かい》・乾・姤《こう》・遯《とん》の息卦、否・観・剥《はく》・坤・復・臨の消卦）も他卦（雑卦）と同様に十二月のいずれかの期間（四正卦は七十三分、十二消息卦は六日七分）を分担する。

建昭二年二月の場合について言えば、二月二十四日（丁亥）が春分になる。その直後の六日七分は解卦、直前の七十三分が震卦、さらにその前の五日十四分が晋卦の分担になる。異変の生じた十八日は晋卦に配当される。また、二月の消息卦は大壮であるが、六日七分法では解卦の後に配列され、三月朔日以降の分担となる。「蒙気復乗卦、太陽侵色」に対する張晏《ちょうあん》の注に「晋卦、解卦なり。太陽色を侵さるとは、大壮を謂う」とあるのは、そのことを指摘したものである。

劉攽《りゅうふん》・銭大昕《せんたいきん》が注解するように、ここの「太陽侵色」が直接的には蒙気によって太陽の光が輝きを失う現象を指す。大壮は息卦であるから「太陽」であり、春分前後の一月間の天候を統御しているので、太陽の「侵色」は大壮の侵害を表象する。それゆえに「蒙気　卦（大壮）に乗ず」と述べられている。

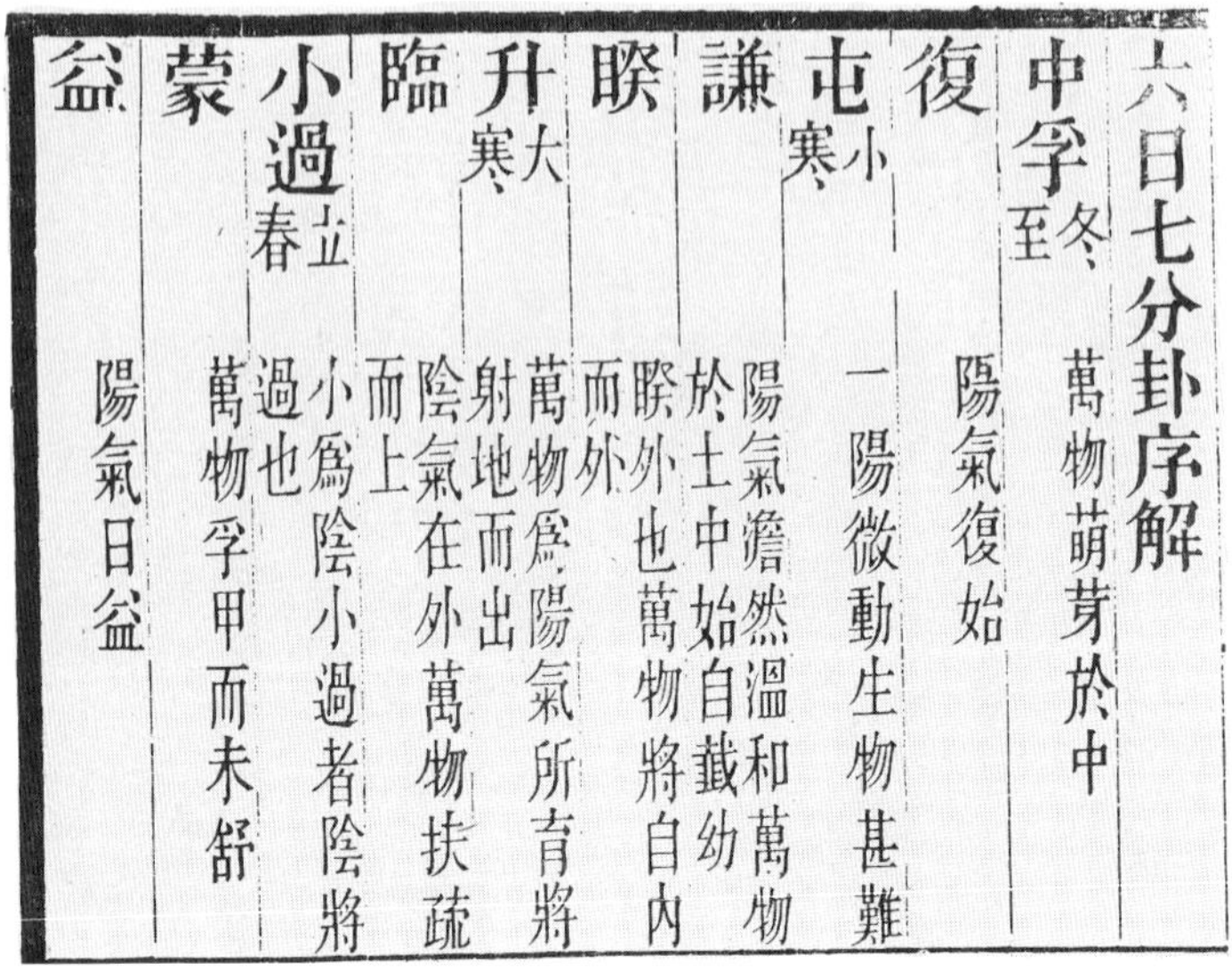

六日七分卦序解
中孚 冬至 萬物萌芽於中
復 陽氣復始
屯 小寒 一陽微動生物甚難
謙 陽氣潛然溫和萬物於土中始自蟄幼
睽 睽外也萬物將自內而外
升 大寒 萬物爲陽氣所育將射地而出
臨 陰氣在外萬物扶疏而上
小過 立春 小爲陰小過者陰將過也
蒙 萬物孚甲而未舒
益 陽氣日益

図8　六日七分法（『易学象数論』巻1、卦気2）

易卦のなかで、一年の陰陽の変化を象徴するものとして、十二消息卦がある。（初爻だけが陽爻である）復卦を「一陽来復」として冬至月（子月、夏暦の十一月）に当て、復→臨→泰→大壮→夬→乾という順序で下から順に陽気が増す。夏至に至ると、陽が極まり、やがて陰が生じ、姤→遯→否→観→剥→坤という順序で陰気が増す。この陰陽の消長は、十二律とも関連づけられる。

京房は、これをさらに六十四卦に敷衍し、また十二律の三分損益法を推し進めて六十律に増やし、それぞれ一年に配列する。六十四卦の配当法は「六日七分法」と呼ばれる。というのは、坎・震・離・兌の四正卦（八卦方位で東西南北の方位に配当される卦）を除く六十卦に一年（三百六十五日四分の一）を均分すると、一卦は六日七分（一日は八十分）になるからである。起点の冬至日を起点として中孚卦以下を配当し、四正卦には二至二分（冬至、夏至、春分、秋分）となる直前の七十三分を割り当て、その前にくる四卦（頤・晋・井・大畜）は六日七分から七十三分を引いた五日十四分とする。四正卦を除く各月の五卦には、「辟（君）・三公・九卿・二十七大夫・八百諸侯」の五等級を割り振り、占候を行う。なお、六日七分法の卦の配列について、上図は、黄宗羲が数理的な説明を試みたもの。

つまり、太陽の光の変調は、消息卦（大壮）の陰陽制御機能の狂いを明示しており、さらに消息卦は六日七分法では「君」に配されるから、その異常気象は元帝の侵害に起因すると判断される。晋卦・解卦は、「卿」と「公」に配当されるから、君を侵害しているのは「上大夫」となる。

京氏易の理論によって上奏文の論旨を解説すれば、それらの二卦が力を併せて消息卦を侵そうとしていることが、「少陰倍力而乗消息」という徴候として懸念されており、その後それら二卦の「用事」する日になって実際に蒙気が再び生じ、太陽の光を曇らせる現象が出現したことによって、「上大夫覆陽而上意疑」という占断を導いた、ということになる。

京房上奏文の災異説（2）

第三番目の上奏文も、同趣の議論が展開されている。すなわち、四月二十四日（「丙戌」）に小雨があり、二十五日（「丁亥」）に蒙気が去ったが、翌二十六日（「戊子」）の五十分（夕方）に蒙気が再び生じ、二十七日（「己丑」）の夜に還風があり、二十九日（「辛卯」）に風がやんで太陽が再び色を侵され、五月二日（「癸巳」）になって日月が互いに薄（迫）まるという天候の異常があった。

四月二十五日は二十四節気では小満であり、小畜卦（卿）の用事日であり、その前は比卦（公）、その後は乾卦（四月の消息卦）ということになり、先述の上奏文とほとんど同じ状況になる。だから、二十五日に蒙気が去っても翌日に再び起こったのは、「少陰が力を并せて消息に乗ず」という動きが甚だしくなったためであり、「陛下　消息を正さんと欲するも、雑卦の党　力を并せて争い、消息の気勝たず」

という事態になり、さらに太陽侵色・日月相薄という異変が生じたのは、「邪陰　力を同じくし、太陽之が為に疑う」と占断される。「少陰」「雑卦」「邪陰」が小畜・比二卦に象徴された石顕一派を、「消息」「太陽」が乾卦に象徴された元帝を指すものであるのはいうまでもない。

二番目の上奏文では、前年六月に天候の変調があり、「遯卦不効」となったことを再び論じる。遯《とん》卦は六月の消息卦《しょうそくか》である。それが効力を発揮しない場合は、「道人始めて去り、寒く、涌水災を為す」という占断になる。実際に翌七月に涌水が出た。そこで、「道人」が京房を指しているとして命がけの石顕批判をやめるように忠告する弟子の姚平との会話を引合いに出して、自分が死ぬようなはめに陥って姚平に笑われないように願いたい、というのが上奏文の主旨である。

この上奏文によれば、赴任直後に獄に下り、死刑に処せられたことを、災異の占断で自らの運命を予知していたことになる。これと類似した話は、『漢書』五行志にもみられる。すなわち、元帝の初元年間に鶏の雌が雄に変化したり、永光年間に角が生えた雄鶏が献上されたことについて、『京房易伝』の「鶏は時を知る者なり。時を知る者は死に当たる」という文を引用して、「京房は自分が時を知るものであり、それに該当すると考えたのである」とし、さらに後文で『京房易伝』の別の二文を引証して、京房自身が「占中に在り」と考えたと述べている。自分の死をも占断から予言する京房像を同じく描いているのである。

上奏文の占断は、「法曰」という形式で述べられているが、『漢書』五行志所引の『京房易伝』に類似した記述がある。すなわち、「道人始去、茲謂傷。其寒物無霜而死、涌水出（有道者が初めてそこを退去する、そのことを傷と称する。その寒さは、物に霜が降りないのに枯れ、涌《わ》き水あふれ出る）」とある一文がそれである。五行志の場合は、「道人始去」に対する寒災として、「物、霜なくして枯る」と「涌き水出ず」が起こるとしているが、本伝の場合は、「遯卦不効」に対して、「道人始去」「寒」「涌水」の災いが起こるとしている。

孔子晩年の愛読書

京氏易は、易卦の象数を用いて天象、天候と人事の関係性を占う、いわゆる「占候易」である。そのような占候易は、孟喜《もうき》や京房の師、焦延寿《しょうえんじゅ》（『焦氏《しょうし》易林《えきりん》』の作者とされる）によって唱えられ、京房によって大成する。宮廷の書庫の図書を調査した劉向は、易家のなかで京氏易だけが異色であるとし、焦延寿は「隠者の説を得て、孟喜に仮託した」と批判する。経解釈としては異端的であることは論を待たないが、易象数によって災異の解読システムを提示したことで、宣帝以降の易学の主流となる。

元来、卜筮の書である『易』が台頭し、五経の首に据えられるようになるのは、老子の自然哲学に匹敵するものを易卦の象数に求めたからである。原始儒家思想は、復古主義的な道徳実践をメインに据えており、形而上学や自然哲学の論理基盤が脆弱《ぜいじゃく》であった。そこで、その弱点を克服するのに『易』が注目された。六十四卦の占辞（卦辞、爻辞）に加えて、十翼《じゅうよく》（彖《たん》伝、象《しょう》伝、繫辞《けいじ》伝、文言《ぶんげん》伝、説卦《せっか》伝、序卦《じょか》伝、雑卦《ざっか》伝）と呼ばれる解説が付加され、易占の書は儒教の聖典へと飛躍する。

そのことを象徴的に語るのは、孔子が晩年に『易』を愛読したエピソードである。「韋編三絶」の語源として有名な話であるが、書物の綴じ紐が何度もきれるほどに熟読したとされる。『淮南子』人間《じんかん》訓、『説苑』敬慎《けいしん》篇、『孔子家語』六本篇では、孔子が『易』を読んでいて、損益二卦の記述になると、いつも書物を脇に置いて感嘆し、そばにいた弟子達に損益の道の教えを説くという説話になる。

その説話の素型となる論説が、馬王堆出土の帛書『周易』の資料群に見出される。帛書『周易』は、「経文」（『六十四卦』）及び「易伝」六篇（『二三子問』『繋辞』『易之義』『要』『繆和《びゅうわ》』『昭力《しょうりき》』）からなる。「経文」は現行本と卦の配列を異にするものの、卦辞・爻辞とほぼ一致し、「易伝」の記述には繋辞伝・文言伝と合致する部分が含まれていることから、十翼が未完成である段階の易のテキストであると推定されている

該当する論説が載っているのは、『要』と名づけられた篇である。そこでは、孔子が晩年に易を好んだ理由を自ら語り、書物を脇に置いて嘆息しながら、周囲にいる門下の弟子に次のような戒めの言葉を発した。

> お前たちよ、いったい損益の道というのは、十分に察知しておかなければならない。（それは）吉凶の〔門〕である。益というのは、春から夏に続く時節であり、万物が発生するところ、長日が到来するところであり、産《う》まれるものの（宿《やど》る）室屋である。だから、益という。損というのは、秋から冬に続く時節であり、万物が老衰し、長□（夜？）が到来するところである。だから、損という。

益卦が春から夏、損卦が秋から冬を主宰するとし、陰陽五行による四時循環説を損益二卦で説く。陰陽消長を損益二卦によって把握しようとするのは、漢代象数易の先駆けである。また、末尾には、五行

への言及がある。

故に易には天道があるが、〈天に存在する〉日月星辰を用いてことごとく述べることはできない。だからそれらを包括するのに陰陽を用いる。〈易には〉地道があるが、〈地の構成要素である〉水火金土木を用いてことごとく述べることはできない。だからそれらをまとめるのに剛柔を用いる。

易説が陰陽、剛柔の二元論を中心とし、五行説が展開されていないことを明言する。京氏易をはじめ、やがて五行説も導入される気配を察知しているかのようであり、『要』の損益論はその意味でも過渡的なものである。

損益の道、持満の戒

『要』に「夫れ損益の道は、審《つまび》らかに察せざるべからず。吉凶の〈門〉なり」とある損益論は、『淮南子』人間訓では次のような言説になる。

損益というものは、王者の事柄でないだろうか。物事には利益をもたらそうとして、たまたま害をもたらすに十分なことがあり、あるいは害を加えようとして逆にかえって利益をもたらすことがある。利害の反転、禍福の門は、察知しなければならない。

禍福、利害というのは、表裏関係にあって、交互に変転するものであり、意に反した結果を招くことがあるほど見極め難い。だから、物事の損益、人生の進取は、王者が叡知《えいち》をもって熟慮しなければならない。そうした処世観は、古代中国の人々が共有した知恵である。それを道家思想ではなく、易の卦名である「損益」二語に集約したところに、この論述の目新しさがある。

換言すれば、易を媒介にすれば、老子の教えが孔子に転化できている。その見地から、損益論を眺めると、興味深い事実が浮上してくる。

『説苑』敬慎篇の損益論は長文となり、編者（劉向）によってかなり加筆されている。咸卦の象《しょう》伝、豊卦の彖《たん》伝、繋《けい》辞上伝、序卦伝などを踏まえた問答を繰り広げる。「学ぶ者以て益すべからざるか」という子夏の質問は、『老子』第四十八章の「学を為せば日に益し、道を為せば日に損す。之を損して又損し、以て無為に至る」という道家的批判を意識しているが、孔子の返答には「虚を以て之を受く」「静虚以て下を待つ」などの老子的言説も交えている。

その前後の論説でも、謙卦や損益二卦の経文を引用し、よく似た議論を展開する。それらは、『韓詩外伝』三の謙徳説、『荀子』宥《ゆう》座《ざ》篇の持《じ》満《まん》説の類話になっているが、やはり老子の自然哲学と大いに重なり合う。

持満（満ちた状態を維持すること）の道とは、次のような故事である。孔子が魯の桓公廟を訪れた際に、「空っぽであれば傾き、中くらいであれば水平で、一杯になるとひっくり返る」という欹《き》器《き》があった。子路「持満の道」を尋ねたところ、孔子は次のように返答した。

高くして能く下り、満ちて能く虚ろに、富みて能く倹《けん》に、貴くして能く卑しく、智にして能く愚に、勇にして能く怯《きょう》に、弁にして能く訥《とつ》に、博くして能く浅く、明にして能く闇なり、是れ損して極まらざるを謂う。能く此の道を行うは、唯だ至徳なる者之に及べり。易に曰く、損せずして之を益す、故に損、自ら損して終わる、故に益、と。

引用する易文「不損而益之、故損、自損而終、故益」は、通行本にはない佚文である。「高・満・富・貴・智・勇・弁・博・明」という優れた状態にあっても、「下・虚・倹・卑・愚・怯・訥・浅・闇」という劣った状態をも保持できるということ、自らの地位や才能に慢心するのではなく、その逆の劣悪な状態の心構えを忘れず、謙虚さを保持し続ける、それが持満の道であるという。物事を二面的に捉えて、価値観の相対化、あるいは転換を図るのは、老子的言説である。

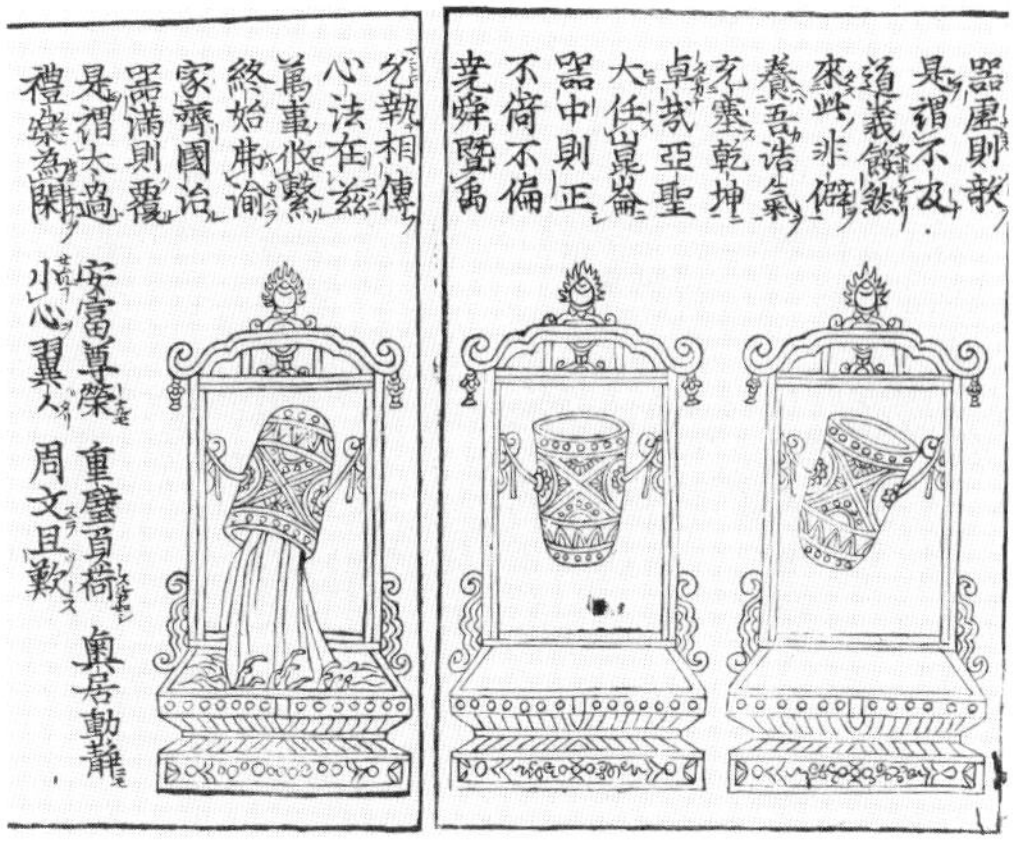

図９　宥坐（＝座右）の器（『孔子聖蹟之図』（明張楷撰、何廷瑞補））

雲夢睡虎地秦墓竹簡『為吏之道《いりのみち》』に、同類文が見られ（「怒能喜、楽能哀、智能愚、壮能衰、恿（勇）能屈、剛能柔、仁能忍」）、さらに言う。

強良なるは得ず。耳・目・口を審らかにせよ、十耳一目に当たる。安楽は必ず戒め、悔ゆべきを行う毋《な》かれ。忠を以て榦《かん》と為し、前に慎み後に慮《おもんぱか》れ。君子は病あらず、其の病を病とするを以てすればなり。

『老子』第四十二章「強梁（馬王堆甲本作「良」）は其の死を得ず」、第七十一章「聖人は病まず。以其の病を病とするを以てなり」を、明らかに踏まえている。その第四十二章は、「物或いは之を損して益し、或るいは之を益して損す」という損益論を述べる。明らかに、理想的な官吏のあり方が、老子の自然哲学に依拠して語られている。ところが、『説苑』の孔子説話では、それが易理にすり替わっているのである。

『説苑』敬慎篇には、持満説をはじめ、『荀子』『文子』『韓詩外伝』『淮南子』などに掲載された類話を寄せ集めているが、老子と孔子の教えが交錯し、易理の介在によって道家の自然哲学が儒家思想と折衷され、経学の教理に組み込まれている。

前漢滅亡の直前の平帝の時、王莽の専横政治に対して申屠剛《しんとごう》が批判した対策に、

損益の際は、孔父の歎《なげ》き、持満の戒は、老氏の慎む所なり。(『後漢書』申屠剛伝)

とある。「損益の道」が孔子、「持満の戒め」が老子の教えに由来すると語る。孔子と老子との交錯は、当時の知識人にも十分に理解されており、儒道折衷に違和感を抱いていない。つまり、易理を用いれば、老子の自然哲学を儒家に取り込むことに支障はなくなっているのである。

京氏易の諸技法

以上のように、先秦から前漢末にかけて、儒家の自然哲学として易が台頭していくが、京氏易の登場によって、易学は異質な数理哲学に変貌を遂げ、老子とその追随者の自然哲学とは別の道を歩み始める。

京房がもたらした象数易の諸技法は、易卦(六十四卦三八六爻)の構造を体系的に分類し、暦日、干支や占いの諸要素をシステマティックに配当することで、複合的な解読システムを構築しようとするもの

であった。

それまでの十二消息卦が上下卦の六爻を一ヶ月ごとの陰陽消長の変化を見立てたもので、十二卦だけを一ヶ月ごとに一年に配当するものであった。「卦気《かき》」（分卦直日法または六日七分法）では六十四卦すべてに拡大する。それによって、六日ごとに一卦、一日ごとに一爻が割り当てられ、卦爻の陰陽による理想モデルによって日ごとの天候の変化が標準化される。京房は音律においても、十二律の三分損益法の計算を六十律まで推し進め、六十律を一年に配日することで、六十四卦と同様に音律との対応づけも行った。

「世応《せおう》」では六十四卦を八純卦（乾坤震巽坎離艮兌、上下卦を構成する三画八卦を重ね合わせたもの）の八宮それぞれに他卦をグループ分けする。その方式は、初爻から第五爻順に陰陽反転の変爻を繰り返し、得られた卦を第一世から第五世とする。さらに第六爻に同じ操作を行うと、陰陽がすべて反転する卦（旁通《ぼうつう》卦、例えば乾→坤）となり、別の純卦となるので、第六世はない。この方式（下から上への陰陽反転）では上卦、下卦の中爻（第五爻または第二爻）だけを陰陽反転させた組み合わせが生み出せない（下卦が乾卦、坤卦であれば、上卦が離卦、兌《だ》卦となる晋、大有、需《じゅ》、比の四卦）。そこで、中爻を変化させる工夫として、第五世の次に、第四爻を元に戻して遊魂とし、さらに下卦の三爻すべてを陰陽反転させ、元に戻して帰魂とする。乾卦を本宮とする乾宮のグループには、乾と姤《こう》・遯《とん》・否・観・剥《はく》・晋《しん》・大有《だいゆう》の八卦が分属する。

このようにすると、本宮を上卦とする三卦（姤・遯・否）、本宮の旁通卦を下卦とする三卦（観・剥、晋）、

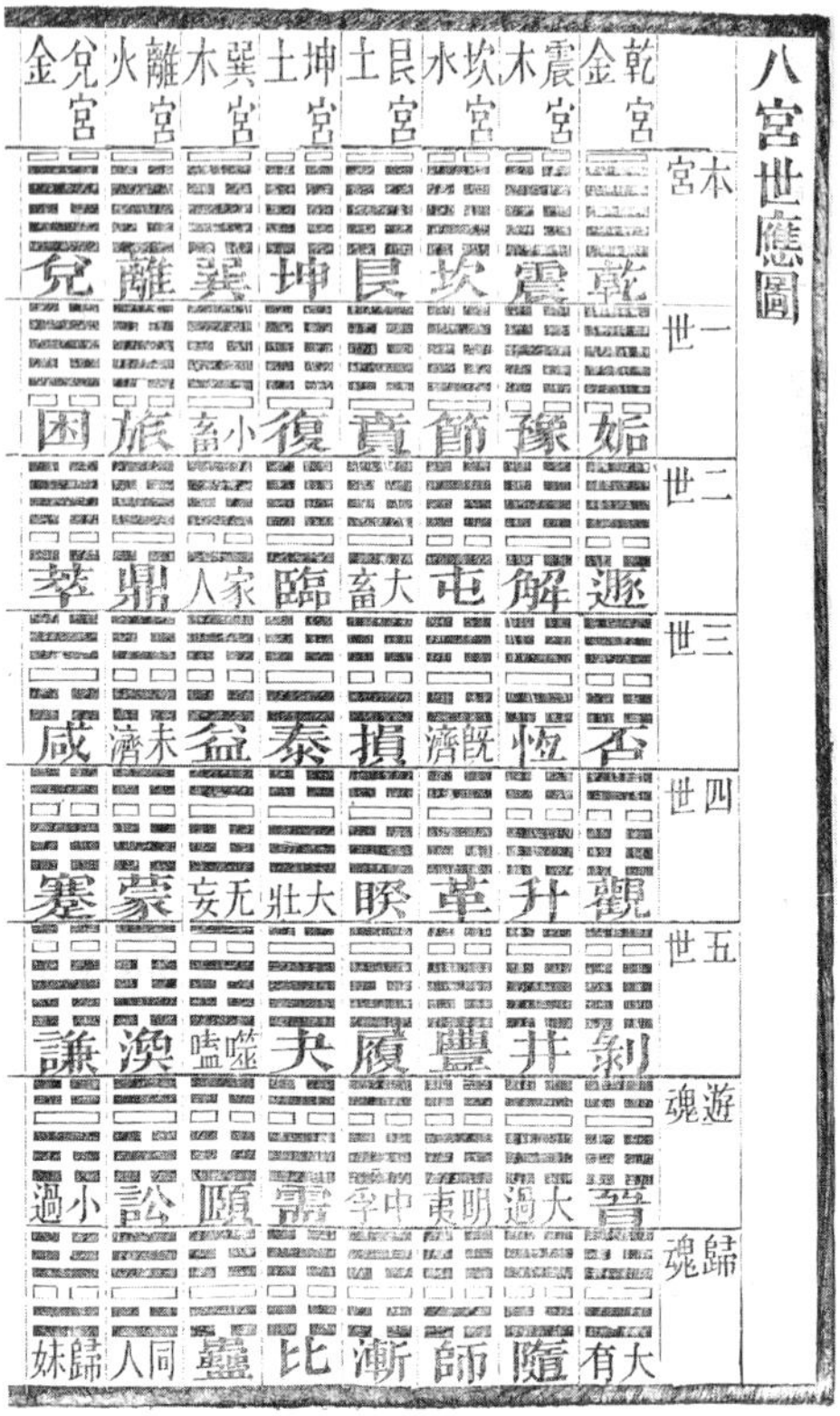

図10　八宮世応図（『易学象数論』巻２より）

そして本宮を下卦とする一卦（大有）という風に統一的ではあるがバリエーションのある組み合わせが導き出せる。

八卦は方位によって五行に配当するほか（乾兌は金、離は火、震巽は木、坎は水、艮坤は土）、「納甲」という手法によって各爻に六十干支を配当し、十二支の五行によって「六親」に当てる（水は子孫・木は妻財《さいざい》・土は父母・金は兄弟・火は官鬼）。

京氏易は、先秦以来の占術が活用してきた技法を易卦のシステムに取り込んでおり、易象数の構造的な読み替えを企てた。経解釈の方法論に数理的思考を導入し、経学の脱構築の旗頭になるとともに、多種多様な占術の中核的な存在になるように易占術のグレードアップを図った。損益の道、持満の道の始原的易説からみれば、易卦の構造的な読み替えであり、はなはだしい飛躍がそこにある。老子の儒教化の道具として読まれた易が、天人の際を極める数理思想を展開し、独自の道を歩み始める。それが、易の台頭に続く第二段階ということになる。

京氏易が儒教の経学的枠組みを大きく逸脱しているのは誰が見ても明らかであるが、京房の死後、京氏易が異端視されながらも易学の中心となるところに、前漢末以降の思想界の特異性が窺える。

京氏易の象数理論は暦運説と結合し、易緯を生み出す。その代表的著作は『易緯乾鑿度《えきいけんさくど》』である。巻下には、乾坤六子と十二消息卦を陰陽五行や天文暦数に結合させた暦術が展開されている。それは、災異思想が讖緯思想に変容するなかで進行するので、次節で詳しく論ずることになる。その議論に登場する谷永《こくえい》、郎顗《ろうがい》はともに京氏易を学んでおり、暦運説や緯説に精通する人物を輩出したことがわかる。

『易』の注釈史では、京氏易を主流とする漢代象数易が宋代に廃れて先天易に切り替わることが指摘され、京氏易から先天易へというストーリーが語られる。ところが、宋代以降に京氏易の唱えた象数易理論がまったく姿を消してしまうわけではない。近世に流行した断易、五行易の基礎理論に取り込まれており、易占術の世界では依然として中核的存在であった。経学を脱構築し、術数学の理論構造を構築するうえで、京房の象数易は董仲舒の災異説に劣らず、新天地を切り拓くものだったのである。

第四節　世紀末の予言と革命――王莽と光武帝のクーデター

赤精子の世紀末大予言

紀元前後の前漢末は、まさに世紀末であり、暦運による終末論が流行した。それは成帝（前三三―前七）の時代に始まる。『漢書』郊祠志《こうし》によれば、成帝が末年に「鬼神を好み、亦た継嗣《けいし》無きを以ての故に、上書して祭祠・方術を言う者多し」とあり、方士が政界に暗躍しはじめた。その社会的背景には、漢王朝を苦しめた匈奴は分裂して弱体化し、和睦を結んだので北方の脅威は薄らいだが、一方では外戚や宦官が勢力を増大させ、政治の実権を掌握しようとする動きがあった。

そのような不安定な世情を反映して、漢王朝を大きく動揺させるきっかけとなる事件が起こった。国家の盛衰サイクルによって災厄《さいやく》の到来を唱える一派が出て、世紀末的な危機意識をさらに煽ったのである。すなわち、斉の人甘忠可《かんちゅうか》が漢王朝が暦運の「大終」に差しかかっているとし、再び受命しなければ滅亡の危機にあるという終末論を唱えた。

彼は『天官暦包元太平経』《ほうげん》を著し、次のような終末論を唱えた。

漢の時代は終わろうとしているので、天命を再度受けなおす必要がある。天帝は真人赤精子《せきせいし》を遣わして私にその方法を教えた。（『漢書』李尋伝）

甘忠可の進言を阻んだのは、中塁《ちゅうるい》校尉だった大儒、劉向であった。劉向は「鬼神に仮託して、天子をないがしろにし、衆を惑わす」と弾劾したために、甘忠可は投獄されてしまう。劉向の監督する北軍の屯営地である中塁（北軍塁）には牢獄があったので、おそらくそこに収監されたのであろう。そして、甘忠可は、裁判の途中に病死し、その書を学んだ弟子の夏賀良《かがりょう》、丁広世《ていこうせ》、郭昌《かくしょう》らも不敬罪で連座する。彼らは、師の教えを伝えようと、チャンスを窺った。

哀帝の時代になり、災異学者で司隷校尉に重用されていた解光《かいこう》に接近した。解光が甘忠可の書のことを上奏すると、今度は奉車都尉の劉歆が「五経に符合しないので、施行すべきでない」と反対した。災異学者の李尋も甘忠可の説を好んでおり、前に父の劉向がダメ出しして獄に下した事例を、子の劉歆があえて認めるはずがないと反論した。郭昌は長安令になっており、李尋に夏賀良らの援助を申し出た。

李尋は、外戚の王根《おうごん》（異母弟に元帝の側室で成帝を生んで皇太后となった王政君、成帝の大将軍となった王鳳がいる）に厚遇されたが、哀帝が即位すると、解光とともに甘忠可一派に接近し、外戚勢力の排除を唱えようとした。李尋は、夏賀良らを黄門（宮殿の門）で待詔し、しばしば帝に召されて謁見することができるように取り計らった。夏賀良一派は、成帝に実子がおらず、甥の哀帝に後を継がせたこと、また哀帝が病気がちであることにつけ込んで、次のように進言した。

漢の暦運では中衰の時期に差し掛かっていて、再受命すべきです。成帝は（師の甘忠可の進言を聞き入れず）天命に応じなかったために、跡継ぎが得られませんでした。今、陛下は長患《わずら》いに苦しみ、異常な現象が頻繁に起こっているのは、天が人に譴告しているからです。すぐにでも元号を変更したほうがいいでしょう。そうすれば延年益寿が得られ、皇子が生まれ、災異も止むにちがいありません。道理を理解しても実践できなければ、天罰が下って滅亡するはめになります。そうでなければ洪水が起こるか火災が発生し、人民を消し去ってしまうことでしょう。

哀帝は、夏賀良らの進言に従って建平二年（前五）六月甲子日に年号を「太初元将」と改め、自分の号を「陳聖劉太平皇帝」とし、漏刻《ろうこく》の時刻制度を一日百刻から一二〇刻に変更するに至った。哀帝は、易姓革命のイデオロギーに依拠して再受命のスタイルを取ることで、外戚、宦官などに奪われた実権を取り戻し、国家の再興を図ろうとしたのである。

この改元政策はたいした効験がなかったために、夏賀良一派はさらなる改革を企てようとしたが、排除しようとした外戚の圧力に屈し、失敗に終わった。二ヶ月後の八月に改元の詔は撤回となり、元の年号に戻された。夏賀良らは、左道《さどう》を執《と》って国政を乱し、国家を傾け転覆させようとした罪で処刑され、李尋や解光も死一等を減ぜられ、敦煌《とんこう》郡に左遷された。

時代は世紀末へ

甘忠可の遺した『天官暦包元太平経』は、災異説や天文暦術に通じて立身出世した李尋や解光を巻き込み、大騒動となった。彼らは、災異説、天文暦術に通じ、立身出世を遂げた人物である。彼らの自然探究の学問は、今風に言えば、天文予測、気象予報の科学知識、たび重なる黄河の水害、干魃に関する治水、消災の技術である。加えて悪霊退散の巫術、世継ぎの求子術などを含んでおり、科学、技術と占術の領域に跨がっているが、それだけに大きな社会問題を解消する理系のエキスパートとして重用された。とりわけ、外戚や宦官が政治の実権を掌握するようになると、そのような異能のタレントは口うるさく保守的な儒生より利用価値があるので推挙されることが多くなる。もちろん権力闘争の狭間で浮き沈みも激しかった。太史令や後世の司天台の役人のように、天体観測による天文占や頒暦などの決められた職掌があり、身分が保障されている場合はともかく、災異や暦運は権力者の関心を惹くとともに、怒りも買う、切れ味鋭い諸刃の剣であった。

改元が二ヶ月で頓挫した理由は、外戚を抑えて君主権の強化を図ろうとしたためである。すでに皇帝に求心力はなく、所詮無理なあがきであった。夏賀良の上奏文では、災異説が暦運説と結合して世紀末の予言に仕立てられている。改元を敢行させた終末論は妄言として表向きは斥けられるが、国家の衰亡を予言する暦運説として強烈なインパクトを与えた。王家擁護の儒生のみならず、政権簒奪を企てる外戚勢力の目にも心惹かれる革命理論に映ったにちがいない。その思惑が災異説を讖緯説に変容させ、悪徳政治批判の災異から聖王出現の瑞祥へと関心事をスライドさせる。そして、儒家の枠組みを大きく逸脱して易姓革命の政治イデオロギーを供給するようになり、新王受命のお告げ（符命）、聖王出現の未来記（図讖）が横行する。まさに予言通りに世紀末の様相を呈し、予言と革命の動乱期に突入する。そして、王莽の政権簒奪、光武帝の漢王朝再興のクーデターを巻き起こした。

赤精子と漢火徳説

甘忠可が「赤精子」の予言を唱えるのは、五行説による易姓革命のサイクルで漢王朝が火徳であるとするからである。鄒衍《すうえん》の唱えた五徳終始説では、「土（黄帝）→木（夏）→金（殷）→火（周）→水（秦）」とという五行相克説の「勝たざる方位」の順序で王朝が交替し、そこで秦の始皇帝は「水徳」を戴《いただ》き、水の配当された「黒」を重視した。一方、董仲舒の三統説では、夏の黒統→殷の白統→周の火統となる。周の場合、いずれでも火となり、周の文王、武王の事績には、「赤烏」「赤雀」といった赤色の瑞祥が語られる。

漢王朝は、鄒衍の五徳終始説によるなら土徳、董仲舒の三統説によるなら黒統となる。ところが、前漢末になると、漢王朝が帝堯の末裔とする立場から漢火徳の新説が唱えられた。その数理として、五徳終始のサイクルを五行相克説から五行相生説（「木→火→土→金→水」）に切り替える。

その新説の主唱者は、劉向、劉歆父子である。劉歆説は、『漢書』律暦志下の世経に詳しい。黄帝より以前に、伏羲、神農を考え、伏羲《ふっき》（木）→神農《しんのう》（火）→黄帝（土）→少昊《しょうこう》（金）→顓頊《せんぎょく》（水）→帝嚳《こく》（木）→堯《ぎょう》（火）→舜《しゅん》（土）→禹《う》（金）→殷《いん》（水）→周（木）→漢（火）とする。五帝三王に加えて古帝王の数を増やし、秦を除外する方策として伏羲と神農の間に君臨したとされる共工氏《きょうこうし》とともに水徳があったが、五行相生の順序から外れている「閏位」（顔師古注）を設ける。秦や共工氏が水徳とするのは、相克説によってそのような主張がなされていたのである。

劉歆は、三統暦において、董仲舒の三統説を踏襲するが、天統は黒、地統は白、人統は赤という配当説ではない。

天統の正月は始めて子（周正の十一月、方位は正北）の真ん中に施し、太陽は萌《きざ》し、色は赤になる。地統はそれを丑（周正の十二月、方位は北北東）の初めに受け、日ははじめて変化して黄色になり、丑の真ん中になると、日は芽生えて白色に変化する。人統はそれを寅（周正の正月、方位は東北東）の初めに受け、日は芽生えきって黒になり、寅の真ん中に至ると、日は生成して青になる。

三正の月を陽光の色の変化に関連づけ、五行説の五色とも結合させ、天統—赤、地統—黄から白、人統—黒から青とする。天統を黒から赤に変えたのは、漢火徳説と整合させるためである。

五徳終始のサイクルで強く意識されるのは、漢王朝が帝堯を継いでいることである。というのは、漢王朝の劉氏の始祖は夏王朝の重臣、劉累《りゅうるい》であり、帝堯の子孫とされているからである。「漢家帝堯」という立場での暦運説は、昭帝に退位を迫った前述の眭弘の上奏文にすでに見られる。また、世経では、殷暦、四分暦などの他暦の諸説に反駁を加えており、張寿王《ちょうじゅおう》の黄帝調暦《ちょうれき》や『帝王録』の後も古四分暦学派によって同様の古帝王の暦譜化が試みられていたことがわかる。

したがって、すべてが劉向、劉歆の創意というわけではない。とりわけ、甘忠可の「赤精子の讖」は、劉向、劉歆によって斥けられているので、彼らの漢火徳説を剽窃したとは思えない。前漢末に天文暦術を中心にパワーアップした術数学が密かに立ち上がっていたのである。張寿王の暦術が斥けられた理由は、鄒衍の五徳終始説との比較で「経術」ではないとするものであった。ところが、大儒として著名であった劉向、劉歆が登場し、諸説を統合的に折衷し、『易』説卦伝や『春秋左氏伝』などの儒家の経典を援用して鄒衍の定説を覆すほどに粉飾を凝らし、方術から経術へのすり替えを実現した。そのような方術、術数学と儒家の政治思想の結合が、漢代思想革命をさらに大きく転換させることになった。

谷永上書の三難

『天官暦包元太平経』は、後漢末の太平道の経典である『太平経』の祖本の一つと見なされることもあるが、現行本では前漢末に唱えられた暦運説と直接に関連する論述を見出すことはできない。漢王朝が中衰の暦運に差しかかっているという終末論は、京氏易を学んだ人物の上奏文やそれを活用した王莽の発言に散見する。それを集約的に述べているのが、成帝の時代に活躍した谷永《こくえい》（？－前八）である。

元延元年（前一二）に奉った上奏文には、三種の暦運説に言及する。

陛下、八世の功業を承り、陽数の標季《すえ》に当たり、三七の節紀に渉《わた》り、无妄《むもう》の卦運に遭《あ》い、百六の災阸《さいやく》に直《あ》たる。三難、科を異にし、雑焉《ざつえん》として同に会す。（『漢書』谷永伝）

「三難」とは「三七の節紀」「无妄の卦運」「百六の災阸」である。それぞれ異なる方式による暦運説であり、その災難の時期が間近に迫ってきているとする。そして、「三七の節紀」の「三」「七」はいずれも陽数（一桁の奇数）であり、成帝は第九代（呂后時代の二人の少帝は数えない）であり、その「九」が陽数の最後になることを指摘し、世紀末の雰囲気をさらに醸し出す。

「三七の節紀」は、起点より数えて二一〇年目の節目が変革の時期とするものである。宣帝（在位前七四－四八年）の時代に活躍した路温舒《ろおんじょ》が祖父から天文暦数を学び、漢王朝の戹が「三七の間」にあることを察知し、封事を奉っている。だから、この暦運説が提唱されたのは、前一世紀前半まで遡る。

その暦理は、前漢の翼邦が唱えた斉詩学派の四始五際説に基づく。「四始」とは「亥寅巳申」であり、各季節の孟月（四孟）の土を除く五行の始めとする。「五際」とは仲月である「子午卯酉」のうち、「子」

に代えて「戌亥」を当てる。そして、『詩経』の七篇を配当する（四始：大明―亥（水始）・四牡―寅（木始）・南有嘉魚―巳（火始）・鴻雁―申（金始）、五際：大明―亥　天保―卯　采芑―午　祈父―酉）。それがどのような経解釈であったかは、よくわかっていない。

「无妄の卦運」は、『易』の无妄卦が「望外の災」の卦とされることから、无妄卦が配された年月に最大の災害が起こるとする説である。谷永が学んだ京氏易では、一年に六十四卦を配当する分卦直日法（六日七分法）がよく知られているが、易卦を配当する大周期の卦運説を主張していたようである。京氏易を敷衍する易緯は、独特の暦運説を展開し、関連する論述が見られる。

「百六の災阨」は、『漢書』律暦志上に引く『易九戹《やく》（厄）』に「陽九の阨、百六の災」として詳しい説明が見られる。「陽九・百六」の厄災とは、陽災（旱災）、陰災（水災）の歳が一定の周期に交互にやって来るとするものである。その周期は、太初暦の一元四六一七年において、古四分暦の大周期一元四五六〇年との年数差五十七年に着目し、四五六〇年は経歳（災害のない歳）」、残りの五十七年が「災歳」と考える。

災歳の五十七年は総年数であり、連続する災歳が九回訪れ、経歳四五六〇年を九期に分けて災歳を割り込ませる。連続する年数を九、七、五、三の奇数とすると、合計二十四年になる。陰陽それぞれの災厄（水歳と旱歳）が交互に繰り返すと考えると、二倍の四十八年になる。通算の年数を五十七歳になるようにするには、九年足りない。そこで、陽九をもう一つ付け加えて九回とし、「陽九、陰九、陽九、陰七、陽七、陰五、陽五、陰三、陽三」という順序で陰陽の災歳を設定する。

一方、経歳四五六〇歳は、二四〇歳の十九倍であり、十九は六、五、四、四の総和である。そこで、二四〇を一二〇に半分にして基数とし、四倍、六倍、五倍、四倍の年数を二度繰り返すと、四八〇、四八〇、七二〇、七二〇、六百、六百、四八〇、四八〇という順序で八期に分けることができ、ちょうど四五六〇歳となる。九期とするにはもう一つ加える必要があるから、最初の四八〇歳を一〇六歳と三七四歳に分け、入元初年から一〇六年後に陽歳が九年続き、それが終わった後、三七四年後に、陰歳が九年続く、という風に最初の歳だけ変例を設ける。最初の災厄は、起点から一〇六年後から九年間続く陽災であり、それが「陽九・百六の災厄」である。易数で「九」が老陽、「六」が老陰であることによって、そのような年数を想定しているのである。

王莽の帝位簒奪劇場

谷永が言及した三難の暦運説のうち、无妄の卦運の期間は明確ではない。他の二説は、起点をどこに取るかで変わってくる。「三七の節紀」は、漢王朝の創立から数えたとすると、上奏した元延元年は一九五年目であり、実際に節目になる二一〇年目は十五年後の元始四年甲子歳（紀元四年）である。「陽九・百六の災厄」は、太初暦の暦元である太初元年丁丑歳から数えるなら、元始三年癸亥歳（紀元三年）から辛未歳（王莽始建国三年）までの九年間となる。

元始四年は、哀帝の急逝によって平帝を擁立して復活した王莽が、娘を皇后に立てた年であり、翌年に平帝を毒殺し、自ら摂皇帝となる。さらに三年後、居摂三年（紀元八年）の十二月に、真天子となり、国号を「新」と名づけ、易姓革命による改元を行った。まさに予言した通りに漢王朝の暦運は尽きてしまうのである。

王莽のクーデターは、帝位簒奪《さんだつ》にちがいないが、「禅譲《ぜんじょう》」による無血革命であった。それを実現させた強力な武器は、「符命《ふみょう》」と呼ばれる天の降したお告げだった。すなわち、摂《せつ》皇帝に就いた時には、井戸を浚《さら》えて発見された白石に「告安漢公莽為皇帝（安漢公莽に告ぐ、皇帝となれ）」と朱書きしてあった。白石の形状は、上円下方（上方が円く、下が四角）の天地構造を摸していた。皇帝の代役から真天子に上り詰める時には、斉郡の新井（新たに湧き出た井戸）ができ、巴《は》郡に石牛（石製の牛）、右扶風《ゆうふふう》の雍《よう》石（雍県の石）の符命が出現した。

斉郡に新たな井戸とは、七月に斉郡臨淄《りんし》県の昌興《しょうこう》亭の亭長である辛当《しんとう》が一晩で数度見た夢の話である。天公の使いが出てきて、「摂皇帝が真の皇帝になるべきである」との天命を告げ、信じないというなら、亭中に新しい井戸ができているはずだと告げる。亭長が目覚めて亭を見てみると、深さ百尺の新しい井戸ができていた。

巴郡の石牛、雍県の石には、それぞれ文字が記されており、冬至となった十一月壬子（九日）、六日後の戊午（十五日）に未央宮の前殿に運び込まれた。王莽と太保安陽侯の王舜（王莽の従弟）らとともに視ていると、天風が巻き起こり、砂塵《さじん》であたりが見えなくなった。風がやむと、石の前には銅符・帛図があり、「天告帝符、献者封侯。承天命、用神令」（天が皇帝となる符命を告げ、献上した者は侯となる。天の命令を承り、神の指令を用いよ）という銘文があった。

太后（元帝の皇后、王政君）に語った王莽の奏言は、次の言葉から始まる。

陛下は至聖であられるのに、漢家の危難、十二世の三七の阨に遭遇され、天の威命をお承けになられて詔勅を出され、私（王莽）に皇帝の代行として摂位にいて、孺子（劉嬰）の委託を受け、天下の寄託に任ずるように命令されました。

自分が摂皇帝に任ぜられたのは、谷永三難の一つ「三七の節紀」の暦運によるとするのである。そして、新井、石牛、雍石の不思議な現象を報告した後に続けて、哀帝が太初元将元年に改元したことに言及し、甘忠可、夏賀良の讖書《しんしょ》が宮廷図書館（蘭台《らんだい》）に保管されているとする。その「元将元年」を解釈し直して、大将軍が摂皇帝に就任していて改元を行うことを述べた文章（大将居摂《たいしょうきょせつ》改元之文）であったと主張する。さらに、仮皇帝から真天子になろうとする暴挙を非難されないために、『尚書』康誥《こうこう》、『春秋』隠公元年、『論語』季子の経書を引き、辞譲の意を表明しながら、居摂三年を初始元年に改元し、漏刻《ろうこく》の度数を一二〇に変更することを提案する。それによって、側近は王莽が符命を奉じた意向を悟り、摂位から帝位へと上り詰める最終段階の準備に取りかかった。

符命の出現は、王莽か側近のヤラセであったとしても、白石の発見者は武功県知事の孟通で、それを上奏したのは武功県が属する前煇光郡（長安附近は、前煇光と後丞烈の二郡に分けていた）の謝囂《しゃごう》であり、新井、石牛、雍石を上奏したのは広饒《こうじょう》侯の劉京《りゅうけい》、車騎将軍の千人（司馬クラスの武官）の扈雲《こうん》、太保の属官の臧鴻《ぞうこう》であった。始皇帝の時のようにアヤシイ方士が暗躍するのではなく、地位のある官吏、軍人が符命の取り次ぎ役を演じている。そして、王莽が太后に報告して帝位禅譲《ぜんじょう》を承伏させるという大がかりな宮廷ドラマ仕立てになっている。甘忠可の讖記（予言書）や「三七の節紀」は、新王朝となってからの上奏文でも言及され、「陽九の阨、百六の会」の災禍を乗り切ったことを自負する。暦運説の数理は、符命出現の信憑性を高めるのに効果的であった。そこに経書を引証する経学的説法を絡め、儒教イデオロギーに裏付けされた有徳行為をカモフラージュする。暦術と経術の絶妙のコラボによって、群臣の狂信を生み出して符命の虚妄を隠蔽し、覇道の戦いなき世紀末救世主伝説を完遂してしまうのである。

讖記の捏造

王莽の符命革命の最終章は、神託の予言書の捏造である。金匱《きんき》（銅製の箱）に入れられ、「天帝行璽《じ》金匱図」「赤帝行璽某伝予黄帝金策書」（「某」とは高祖劉邦の実名を忌避したもの）と検印密封の表書きがなされ、「天帝行璽、赤帝行璽」（皇家に伝わる印璽）が刻印されている。箱のなかの聖図は天帝が降したものであり、金箔の竹簡に記された策命書は赤帝が劉邦に伝授したものとされる。益州広漢郡梓潼県の哀章《あいしょう》という人物が偽作したとされるが、ばれないように作易の手本である黄河や洛水から出現した「河図洛書」の類を装ったにちがいない。

チャンスを窺っていた哀章は、新井、石牛、雍石の符命の出来事が公表されたのを聞き、即座に黄昏時に黄衣を身に纏い、高廟に出向いてそれらの密書を僕射に手渡し、王莽に献上した。そこには、王莽が真天子となり、皇太后が天命に従う由のことが書かれていたから、王莽はにんまりとして念願の皇帝になる決意を固めた。

十一月戊辰（二十五日）がその決行の日となった。その日を選んだ理由は、十二直で「定」にあたるからである。十二直配当では、十一月の「子日」を「建」とし、十二直（建・除・満・平・定・執・破・危・成・納・開・閉）を順に当てていく。「辰」には「定」が割り当てられる。ただし、後世では節切りの月（冬至を起点に一太陽年を二十四等分した二十四節気において、十二節気を区切りとする月の数え方。例えば、十一月は大雪から冬至を経て小寒の前日まで）を用いるために、十一月朔日は甲辰であり、九日の壬子が冬至（十二月中）とあるので、十一月二十五日戊辰は小寒（十二月節）の後となる。なので、十一月ではなく、十二月の配当説になり、一つずれて「平」となる。この頃の十二直では、節切りの月を用いていなかったことがわかる。

それはともかく、王莽は吉日を占い、あえて「定」の日を選んだうえで、「伝国金策の書」を携えて皇太后に伝国璽の引き渡しを迫った。その結果、真天子の位に就き、国号を「新」と定め、五日後の十二月朔日癸酉を始建国元年正月朔日に改元し、土徳による改制とすることを発令して、無血の易姓革命を敢行したのである。

金匱図、金策書には、王莽の大臣八人に、哀章の偽名、王興、王盛というの架空人物を加えた十一名の姓名が官爵とともに列記されていた。それらの人物は、四輔、三公、四将として要職に抜擢される。その大臣は、王莽の従弟で腹心の家臣として活躍した王舜、王邑、夏賀良の改暦プランを阻止しようとした劉歆を含む王莽の側近達である。図書捏造の張本人である哀章は、国将に抜擢され、王舜《おうしゅん》（太師）、平晏《へいあん》（太傅）、劉歆《りゅうきん》（国師）とともに上公の位である四輔の一角を占めた。さらに、図書による神託の実行をアピールするために、王家によって美名であるという理由でリストに加えた王興、王盛について、同姓同名の人物を十数人捜し出し、人相を占って衛将軍と前将軍に任命した。王興は城門の令史（書記官）、王盛は餅売りだった。それでも、四将として王莽の謀臣として活躍した甄豊《しんぽう》（更始将軍）、「爪牙《そうが》」（腹心の武将）と称えられる孫建《そんけん》（立国将軍）と同列に配した。符命の狂想劇は、ここに極まるのである。

光武帝の図讖革命

王莽の新王朝は、十五年間しか長続きせず、赤眉軍、緑林軍の反乱が起こり、滅亡する。地皇四年（紀元二三）に王莽を殺害し、政権を樹立したのは、前年に劉玄を更始帝に擁立した緑林軍であったが、赤眉軍の侵入によって座を奪われる。その翌年に、反乱軍の一派である劉秀が河北を統一して自立し、皇帝に即位して元号を建武とした（建武元年は更始三年にあたる）。これが光武帝であり、赤眉軍を攻撃して配下に入れ、隴西《ろうせい》の隗囂《かいごう》、蜀の公孫述《こうそんじゅつ》など群雄を制圧して全国を統一し、漢王朝を復興した。

劉秀が即位する時には、「（河図）赤伏符」という予言書（図讖）が出現する。長安にいた頃の同舎生であった潁川《えいせん》の彊華《きょうか》が関中よりやって来て奉じたものである。その讖文にはこうあった。

劉秀は兵を発して、不道を捕らえ、四夷　雲集し、龍　野に闘う。四七の際、火　主と為る。

李賢注は、「四七の際」とは高祖の即位（前二〇六）から光武帝の挙兵（紀元二二）までの年数が二二八年であり、火が主となるとは、漢が火徳であるによると説明する。なお、『漢書』劉歆伝の応劭注によると、王莽政権の国師として活躍した劉歆が、建平元年（前六年）に劉秀と改名したのは、この讖文によるものであるとする。史実ならば面白いが、確証はない。

王莽に続き、光武帝も、符命、図讖の類によって帝位に就いた。そのため、讖緯思想は帝王学の一角を占めるに至った。王莽期なのか、光武帝即位後なのかよくわからないが、予言や暦運説を成文化した緯書が編纂され、経義を補完する目的で孔子が著した釈経書と唱えられた。緯書の種類は、六経（易・書・詩・春秋・礼・楽）に『孝経』を加えた七緯、「論語」「河図《かと》」「洛書《らくしょ》」を冠するものがある。後漢では、緯書を研究する緯学が経学とともに国家の学問（官学）として公認されるほどに重視された。

経学の歴史では、後漢の緯学は鬼っ子扱いであるが、術数学の立場から言えば、方術の世界で秘められた自然探究の学問が社会的ステータスを獲得した大躍進だった。儒生とも、方士とも区別のつかない人物によって予言と革命を絡めた「儒家的」な政治思想に塗り替えられ、経書を基軸とする学問世界を乗っ取ってしまったのである。漢代思想革命の主役は、表舞台では災異思想、讖緯《しんい》思想であるが、底流で理論的な基盤を形成し、影の主役を演じたのは、方術がグレードアップした術数学、とりわけ天文占、気象占、音律学、暦法などが結合した天文律暦学であった。

しかしながら、緯学が儒家の枠組みを拡充させ、自然科学方面の学問を国家が擁護し、研究を促進するほどに作用するには至らなかった。制暦（暦日、暦占の推算と頒布）と占候（天文天体、気象の観測と占断）といった国家体制の運営にとって有用な側面には専門官が以前より設置されていたが、その存在価値は高まったものの、今日に言う基礎研究を推進するために資金の支援や増員が図られたわけではない。実質的な研究の場は民間にあり、中世以降も同様であった。

漢代思想革命がもたらしたものは、先秦以来、老子の自然哲学を基盤にして形成されてきた科学知識の「世俗化」である。天人感応説が自然哲学の基本概念として認知され、その説明原理であった陰陽五行説が一般的な言説に活用されるようになった。そして、生成論、自然観、生命観や暦運説、数理思想など、道家思想や方術で多様に唱えられていた言説が広く知られるようになり、政治思想、自然哲学の世界において科学知識として定着した。とりわけ、「怪力乱神を語らず」というスタンスを保持してきた儒家思想は、災異から讖緯へと変容し、緯書のような「偽書」まで信奉する事態に陥るのだから、「経術」「道術」に儒家的な道徳主義の枠組みは取っ払われた。ある意味では、儒生の思想構築にタブーや制約はなくなったのである。

第二章　漢代の終末論と緯書思想

第一節　秦漢帝国の改暦事業――易姓革命のサイエンス

秦漢帝国の受命改制

古代中国において、暦法を制定し、毎年の暦日（カレンダー）の頒布《はんぷ》は、国家の一大事業であった。新王朝の建設においては、易姓《えきせい》革命による新王受命の正統性を主張する手段であり、「正朔《せいさく》（暦）を奉《ほう》ずる」ことを全国の権力者に認めさせることで、対外的な支配権の確立を表明した。また、内政面においても、「服色《ふくしょく》を変えること」、すなわち国家の憲法や諸制度を一新させることと連動し、天意に順った「明法」（法を明らかにすること）のコンセプトによって社会秩序や生活規範を新たに構築する象徴的な国策だった。そのような「受命改制」の思想は、改暦、改元という形で唱えられた。しかも、王朝の交替、帝位の譲渡《じょうと》の変革期に限定されなかったために、天文暦学に通じた民間の術士が政界に進出する契機となった。

受命改制に関心を寄せたのは、秦の始皇帝である。中国統一の覇業《はぎょう》を成し遂げた際に、鄒衍の五徳終始説に則って「水徳」の王朝とし、年始を十月朔日に改めて朝賀の儀式を行った。また、度量衡の基本となる「一歩」を六尺四寸（周尺）から六尺に改め、色は「黒」、数は「六」（水の成数）を基本とし、衣冠、旌旗《せいき》、車馬などの色、寸法、個数などに至るまで「水」で統一的に調えた。

中国暦の場合、冬至が一つの起点であり、それを含む月が「子月」であった。周王朝では、冬至から約一ヶ月半後の立春を起点とし、「寅月」を正月とした。そして、夏、殷、周の三代で歳首の月が寅月（一月）→丑月（十二月）→子月（十一月）と変更する三正説を唱えた。その順序で言えば、十一月が歳首となるが、秦王朝では「子」とともに水に配される「亥」の月（周正でいう十月）を選び、新しさをアピールしたのである。

漢初には、秦王朝の受命を異端として認めずに水徳を受け継ぐとし、秦制をそのまま改めなかった。ところが、文帝が即位すると、博士の賈誼《かぎ》が受命改制を発議し、秦制を一新し、礼学を興すべきであると唱えた。そこで色は黄色、数は五を用いるとするのは、水徳から土徳への交替を提案したからである。その後、魯の公孫臣《こうそんしん》が同様の見地から土徳による改制を進言した。丞相《じょうしょう》の張蒼《ちょうそう》は水徳説を支持して斥けようとしたが、三年後（文帝十五年、前一六五）の春に、彼の予言通り、符応として黄竜が成紀県に出現した。その結果、公孫臣は博士に任用されて諸学者と改暦、改制の草案作成にとりかからせ、張蒼は疎んじられるようになる。

翌年に趙の新垣平《しんえんぺい》が、長安の東北に不思議な雲気が出現し、五彩の模様で人が冠をかぶった人のような形状であることを観測した。そこで、天の瑞祥として、上帝を祀ることを勧めた。文帝は、郊外の渭陽《いよう》に五帝廟を設営し、彼を上大夫に任じた。新垣平は「人主延寿」と刻まれた玉杯を献上させ、西に傾いた太陽が再び中天に逆行することを的中させるなどして、文帝に信任を得るようになった。そして、改元を実現させ、「文帝（前）十七年」が「文帝（後）元年」（前一六三）となった。ところが、十月になり、新垣平の言が虚偽であるとの訴えがあり、獄吏《ごくり》に審問させて一族もろとも処刑となった。そのために、旧制度へと揺り戻しになり、新制度への移行は武帝期に持ち越されることになった。

儒生と方士のあいだ

この草創期の一連の出来事は、武帝期以降の改暦事業やそれと連動する思想的変革が胎動していることを窺わせる。主役を務めた賈誼、公孫臣、新垣平は、受命改制説を主張する点では共通するが、三者三様の人物像として描かれており、漢初の思想界の雰囲気を十分に伝えている。張蒼も含めて登場人物は儒家のイメージから少しはみ出ており、儒生とは見なされないかもしれない。しかし、五徳終始説、望気術や天文占、瑞祥・符応の出現、郊祀、改元といった話題は、武帝期以降に大きくクローズアップされる。風景が違って見えるのは、儒家の立ち位置が異なるからである。

賈誼は、若くして『詩』『書』をはじめ諸子百家の書に通じた秀才で、二十余歳で博士に抜擢され、太中大夫に至った。李斯《りし》と同郷であり、法家と見なされることはある。しかし、著作である『新書』や『史記』『漢書』の列伝に引かれた論述を見れば、後の漢儒とさほど距離はなく、しかも幅広い教養を有し、文才に長けており、傑出した学者である。支配者階級が刑名黄老学を愛好する風潮のなかで、経学を機軸にした儒家思想はまだ在野にあり、総合的な学問を志向していた。受命改制や郊祀《こうし》というのは、漢代の儒家思想のメインテーマになってくるものである。したがって、国家の学問にグレードアップしようとする漢初の儒家思想を体現する「経学者」と見なすべきである。

術数学的な視座から見れば、戦国末から漢初には、天道に則った政治がメインテーマになっており、五徳終始説や祥瑞思想が方術であって儒家の経術ではないという線引きがすでにできなくなっている。秦の始皇帝の時代には、方士が暗躍し、仙薬や詐術によって民衆を拐《かどわ》かし、そのあおりで儒家が焚書坑儒の迫害に遭《あ》ったとされる。しかしながら、周王朝の礼楽制度を復活させ、祖先祭祀を重視する儒家の復古主義、理想主義は、現体制との間で軋轢《あつれき》を生じており、保守層にとって厄介な存在は、構造的な組織改革を目論む儒生であった。賈誼ほどの学者であっても権力者に睨まれ、長沙に左遷される。また、漢王朝創立の立役者である丞相の張蒼は、天文律暦学に詳しいがゆえに重用された後に、かえって失脚する憂き目にあう。秦漢の際における思想的な正統と異端は、儒生と方士、経術と方術という対立の図式にはなっていないのである。

公孫臣、新垣平が民間から挙用されるように、星占、望気の術には政治を動かせる予言力があった。それが、礼楽、祭祀を興《おこ》して復古を実現させようとする儒家的な目論見と合致し、受命改制の大義名分を盾《たて》にし、瑞祥という天意の検証を得て、現体制の変革を敢行させた。その試みには、繁礼で飾ることに利益はないとする権力者、重臣を説き伏せ、経術を実現させるパワーはある。同時にまた、詐術のつけ込む間隙もある。聖と俗の区別があるだけで、構造的改革を旗印に民から官へと成り上がるルートと方法論は共通する。占術（方術）から自然学（術数学）への数理的変容が漢代儒学の台頭と並行して展開していく社会的、思想的な構造がそこに形成されている。

武帝の改暦事業

前漢の改暦が実現したのは、武帝元封七年（前一〇四）のことである。大中大夫の公孫卿、壺遂《こすい》や太史令の司馬遷が発議し、御史大夫の児寛《じかん》や博士が議論し、三統説に従って夏王朝の服色（年始は寅月）に変更しようとした。そこで、『史記』天官書では方士の唐都《とうと》や巴群の落下閎《らっかこう》を招致したとあり、『漢書』律暦志では治暦の鄧平《とうへい》、長楽の司馬可《しばか》、酒泉《しゅせん》候宜君《ぎくん》、侍郎尊及《じろうそんきゅう》といった官吏と唐都、落下閎を含む民間の治暦者凡二十余人が関わったとする。太初元年に改元し、太初暦を施行することになった。

「方士」といっても、怪しい方術で人を惑わす人物ばかりではない。ここでは、仕官せず、在野にいる暦学者である。徐幹《じょかん》『中論』下巻の暦数章において、

武帝は、王者の制度を回復し、由緒のある前代の法規に準拠《じゅんきょ》させようとして、五経を修めた儒者を招き、術数に明るい人物を召して、漢王朝の暦法を討議して定めさせた。

と述べるように、改暦事業に召集された人物は、経学者と術数学者、すなわち儒生と方士だった。今日風に言えば、文献学に精通した政治学者と自然探究のサイエンティストが文理融合のプロジェクトチームを組んだのであり、両者が常に対立しているわけではない。

太初暦の場合、漢志に「鄧平が造った八十一分律暦」とあるように、一ヶ月の長さ（一朔望月）を古四分暦の二十九日九四〇分の四九九から二十九日八十一分の四十三（29 43/81＝2392/81）へと変更したことが最大の目玉であった。ところが、もともと真値より少し大きかったのに、さらに誤差を大きくすることになってしまった。また、一年の長さ（一太陽年）についても、十九歳二三五ヶ月とする置閏法

を踏襲するので、一太陽年は三六五日一五三九分の三八五（29 43/81×235÷19＝562120/1539＝365 385/1539）となり、誤差は補正されない。一ヶ月、一年の長さは、周天度数と連動しており、最も基本となる暦定数だから、致命的な改悪だった。後漢に四分暦に逆戻りするのは、そのためである。

致命的と思えるこのミスは、長年の天体観測による集積データが粗悪だったわけではない。音律の基本数である八十一を用いて一朔望月を定めようとしたからである。度量衡制の基本数に用いる音律は、黄鐘《こうしょう》の長さを基準とする。その基本数八十一を一朔望月の分母に適用することで、音律と暦法の数理的結合を図り、天文律暦学による諸制度の数理的統合を目論んだ。つまり、国家制度のための「理論化」がもたらした誤謬であった。

数理天文学の立場からだけで暦法が案出されるならば、観測の精度が増せばそれだけ精密化するが、五経をはじめとする由緒正しい典籍に根拠づける必要だった。改暦の場合、足を引っ張るのは、経学的知識のほうであった。

古四分暦の逆襲

『漢書』律暦志には、太初暦が施行されてからも、四分暦による暦術を主張する一派があった。すなわち、元鳳三年（前七八）に、太史令（天文暦学の長官）の張寿王が上書し、黄帝調暦に依拠して太初暦に批判を加えた。そこで、十一家の諸暦について、粗密を調べて優劣を考査することになった。そして、黄帝調暦は粗悪であるとの結果が出た。張寿王は、それでも主張を改めず、太初暦を誹謗しつづけたので、ついには獄に下され、裁判の途中で死亡する。

「黄帝調暦」は、太史令という司天官の要職にいる暦学者が待詔（官名）として挙用された李信とともに考案した「太史官の殷暦」であり、アヤシイ筋の暦術というわけでない。そこに事件の重大性がある。殷暦は、古四分暦のなかで甲寅歳を暦元とする暦である。

『漢書』律暦志上によると、黄帝より元鳳三年にいたる年数が六千余歳と主張され、また張寿王が諸官に送りつけた移書の『帝王録』には、「（長すぎて）人間の寿命とは符合しない」舜や禹の年齢が記載され、また化益《かえき》（伯益）が禹に代わって天子となったり、驪山《りざん》の娘が殷周の間に天子となったりしたことが論じられていた。それらの所説が「経術に合致しない」と却下された根拠は、『終始』では「黄帝以来三六二九歳」となっているためである。『終始』とは、鄒衍の著作とされたものであり、五徳終始による暦運説が古帝王の年代記として記述されていたのであろう。黄帝調暦では、古四分暦の上元をさらに古代に遡らせたために、新たな王を挿入したり、古帝王の在位年数、年齢を増やしたりして調整を図ったにちがいない。

事件の決着がついた元鳳六年（前七五）は、太初暦を施行して三十年目になり、そこでようやく「是非堅定す」（『漢書』律暦志）とされる。しかし、古四分暦を支持する一派が消え失せるわけではなく、民間の術士によって伝えられ、黄帝暦、顓頊暦、夏暦、殷暦、周暦、魯暦という六暦が前漢末まで根強く存続する。劉向は、成帝の時にそれらの六暦を総括し、是非を列挙して『五紀論』を作っており、民間に浸透して無視できない暦術であったことがわかる。太初暦に易理を織り交ぜた三統暦を考案した劉歆は、劉向の子であり、その数理思想には六暦が少なからず影響を与えているにちがいない。『漢書』では、劉向父子の立場から見た変遷の流れしか著述していないので、そのことはほとんど強調されない。三統暦や緯書の成立についても、王莽期の学術史が闇に葬られており、具体的なことはよくわからない。しかし、前漢末から後漢にかけて編纂された緯書は、殷暦学派の暦術を敷衍しており、思想的変革の概念装置を創り出したのは民間暦のほうであった。

第二節　五星会聚の暦元説――顓頊暦の惑星運動論

五星会聚の暦元説

前漢末に大流行する暦運説は、古四分暦の暦定数に依拠する。秦から漢初まで施行された顓頊暦では、四五六〇年を一大周期とし、日月五星（七曜）が一所に会聚して理想的な状態となる時点を暦元に設定する。そのような初源状態を得るには、日月五星の運行定数、十九歳で二三五ヶ月とする置閏法、歳月日時の十干十二支などの周期について、最小公倍数を算定していく必要があり、単なる理念的なお題目ではない。

暦元での会聚現象は「日月は合璧のごとく、五星は連珠のごとし」（日月五星が珠玉を連ね合わせたかのようになる）と表現される。その典拠は『漢書』律暦志や緯書であり、顓頊暦に由来することはあまり強調されない。その要因には、『淮南子』天文訓、『史記』天官書が惑星の運行に粗悪な周期を記載しており、顓頊暦の惑星運動論がそれほど精密であったと見なされていなかったからである。ところが、馬王堆漢墓出土の『五星占』の発見によって、それらが先秦の古説に依拠する記載であり、顓頊暦の天文理論を正しく伝えていないことが判明した。

『五星占』は、五星それぞれについて行度や星占を論述する。その記載内容は、『淮南子』天文訓、『史記』天官書、『漢書』天文志の体裁にきわめて近似しており、『史記』暦書や『開元占経』所載の天文書にも同類の記述を多数見出すことができる。しかしながら、数理的な面ではかなりの相違がある。とりわけ、五惑星の運行周期について、木星の恒星周期は十二歳で同じであるが、土星や金星には注目すべき運行周期を掲載する。

末尾に木星・金星・土星については秦始皇元年から漢文帝三年までの行度表が存在する。それによって、書写年代は秦の顓頊暦を用いていた文帝期であると考えられている。土星の恒星周期について、行度表に付された説明文には、三十日で一度、三十歳で一周天することを明言する。『史記』『淮南子』では二十八宿を一歳一宿で巡るので、二十八歳周期としていた。真値は約二十九・四五八歳だから、二十八歳より三十歳のほうが精度が高い。しかも、暦元での五星会聚を想定するならば、二十八歳では不都合があり、三十歳のほうが断然いい。なぜならば、四五六〇は七を約数に持たないから、天文訓、暦書のように土星の二十八年周期説では初源状態には回帰しないからである。

また、金星の運行周期について「五出、為日八歳、而復与営室晨出東方」とある。金星の晨出《しんしゅつ》（次節参照）から晨出までを「一出」（＝会合周期）とし、金星の「五出」が日（太陽）の八歳（八回の周天運動）

に相当し、その周期で太陽と金星がともに起点（営室五度）に復帰することを説明したものである。会合周期は、八歳の五分の一、すなわち五八四・四日（一・六歳）というすぐれた近似値になる。

水星、金星は、地球よりも内側にあって太陽の周りを旋回する内惑星であるために、太陽との距離（離角）が小さいときには陽光のなかに埋もれて見えない。したがって、太陽の後方に離れていき、後退して離角が大きくなると、明星が観測され（晨行）、最大離角となった後に太陽に前進して接近していき、見えなくなる（浸行）。次第に太陽を追い越し、前方にあって離角が大きくなると暮れの明星が観測され（夕行）、さらに先行して最大離角となった後に再び後退して太陽に接近していき、見えなくなる（伏）。その周期として、以下のような日数を掲げる。

晨行二二四日→浸行一二〇日→夕行二四〇日→伏十六日九十六分

ところが、『淮南子』天文訓、『史記』天官書では、以下の運行日数を記載する。

晨行二四〇日→伏一二〇日→夕行二四〇日→伏三十五日（『淮南子』天文訓）

晨出二四〇日→浸行一三〇日→夕出二四〇日→伏行十六日（『史記』天官書）

それらを合計すると、会合周期はそれぞれ六三五日、六三〇日となり、顓頊暦に比べてはるかに粗悪な周期となる。両書が顓頊暦、太初暦の正確な暦定数を伝えていないことは明らかである。

『五星占』では、金星と太陽との会合が起点の営室（営室五度）で起こる周期に注目する。会合周期は一・六年であるということは、金星は天を一・六周した地点で太陽と会合する。その時の晨出の星宿は、営室《えいしつ》→軫《しん》→昴《ぼう》→箕《き》→輿鬼《よき》と移動し、八年で五回の会合（五出）を行って、起点の営室（営室五度）に復帰する（太陽が八周天する間に金星はちょうど十三周天する）。つまり、星宿を含めて考えるならば、会合周期の五倍である八歳が行舎運行の最短サイクルになる。木星や土星の恒星周期は、ちょうどいい整数値だから、どちらも起点における太陽との会合周期（あるいは歳首における会合周期）に合致する。金星の恒星周期は、十三分の八歳（二二四日十三分日の十）であるが、起点での会合周期である八歳を恒星周期のように用いる。

すると、木星、土星、金星が揃って歳首に営室五度に復帰する周期は、一二〇年となる。ちなみに、土星二十八歳説だと、一六八歳という中途半端な数値となる。つまり、五星会聚の暦運説は、土星の公転周期を二十八年から三十年に補正し、さらに金星に五出八歳という原点復帰の会合周期を設定することによって、五星会聚現象を用いた暦元説の大周期が導き出せるようになったのである。

顓頊暦の運行モデル

『五星占』の行度表は、秦始皇帝元年から漢文帝三年までの七十年間に、立春において惑星が太陽とどの星宿に会合して東方の空に「晨出」するかを一覧表に示したものである。記載するのは、歳星《さいせい》（木星）、塡星《てんせい》（土星）、太白《たいはく》（金星）の三惑星であり、熒惑《けいわく》（火星）、辰星《しんせい》（水星）は欠いている。塡星の場合には、営室を起点とし、一歳ごとに一宿ずつ移動するとする。営室と東井の二宿は二年続きで滞留するとするので、ちょうど三十歳で二十八宿を一周することになる。ただし、二十八宿の星度にはばらつきがあり、房、觜《し》のように五度以下もあれば、営室、東井、南斗のように二十度を超えるものがあり、概略的な運行説である。

行度表の始点となっている秦始皇帝元年は、暦元に復帰し、日月五星がすべて営室五度に会聚すると考える。そのことを、「与営室晨出於東方」（営室と東方に晨出す）と表記する。この「晨出」に着眼する惑星運動論が顓頊暦の中核理論なのである。

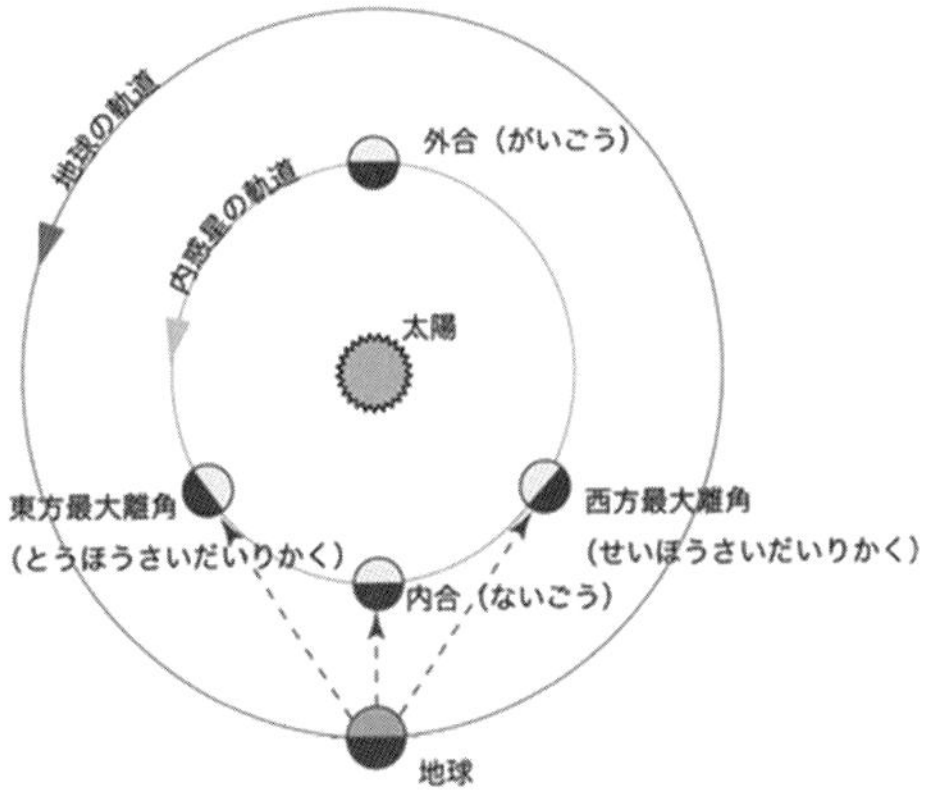

図11　内惑星の内合・外合

顓頊暦の「晨出」は、独特の現象把握方式である。その天文学的な意味を説明すると、地球から見て太陽を旋回する惑星がちょうど太陽の背後に来て一直線上に並ぶ場合、外惑星は「合」、内惑星は「外合」と呼ぶ。内惑星は、太陽の前方に来て一直線上に並ぶ場合があり、それを「内合」と呼ぶ。その前後は、陽光に隠されて姿を現さない。その期間が「伏」または「伏行」と呼ばれる。やがて太陽に引き離されて後退し、ある程度の離角が生じると、陽光から抜け出て明け方近く（晨時）に東方の空に姿を現すようになる。それが「晨出」であり、臨界点の離度を「始見去日度数」と呼ぶ。その時に一緒に出現する星宿（惑星が太陽とともに躔次《てんじ》する星宿）によって、「与営室晨出東方（営室と与に晨《あした》に東方に出ず）」と表記する。つまり、太陽との離度がゼロの状態であれば、太陽の光のなかに埋もれて見えない。だから、太陽と五惑星の会聚現象が晨出時に生起することはあり得ない。

ところが、顓頊暦では、晨出時の惑星の位置は、日行一度とした場合の太陽の躔次と合致させており、「合」の地点だけではなく、伏行の期間すべてにおいて、太陽と離角ゼロの合宿状態で併走していたと仮定する。

金星の場合、明けの明星、暮れの明星の運行周期を次のように定式化する。

夕行：疾行（日行一度百廿八分）百日→平行（日行一度）六十日→遅行（日行卌分）六十四日

晨行：遅行（百廿分）百日→平行（一度）六十日→疾行（一度一八七半）六十四日

夕行：疾行（日行一度百廿八分）百日→平行（日行一度）六十日→遅行（日行卌分）六十四日

そもそも晨夕の見伏は、日行一度とする太陽に比べて金星の速度が変化したために、太陽との距離（離角）が生じることによって起こる現象である。古代中国では、太陽の不等速運動は考えずに、一日一度ずつ等速で東行するとした。（地球から見た見かけの）内惑星の動きが太陽と同じ日行一度の速度（平行）で東行するのであれば、太陽との距離は変わらない。速度が一度よりも大きい場合（疾行）には太陽に対して前進し、一度より小さい場合（遅行）には太陽に対して後退する。

晨行（明けの明星）や夕行（宵《よい》の明星）には、百日、六十日、六十四日の三期間に分け、三段階の速度変化を考える。中間の六十日は、いずれも太陽と同じ速度（日行一度）で運行し、同じ離角を保ったまま併走する期間である。伏と侵行についても同様に、離角ゼロで併走する期間と考えたのである。

この運行モデルでは、晨出の遅行、夕出の疾行の開始点が太陽から離れ始める瞬間である。だから、

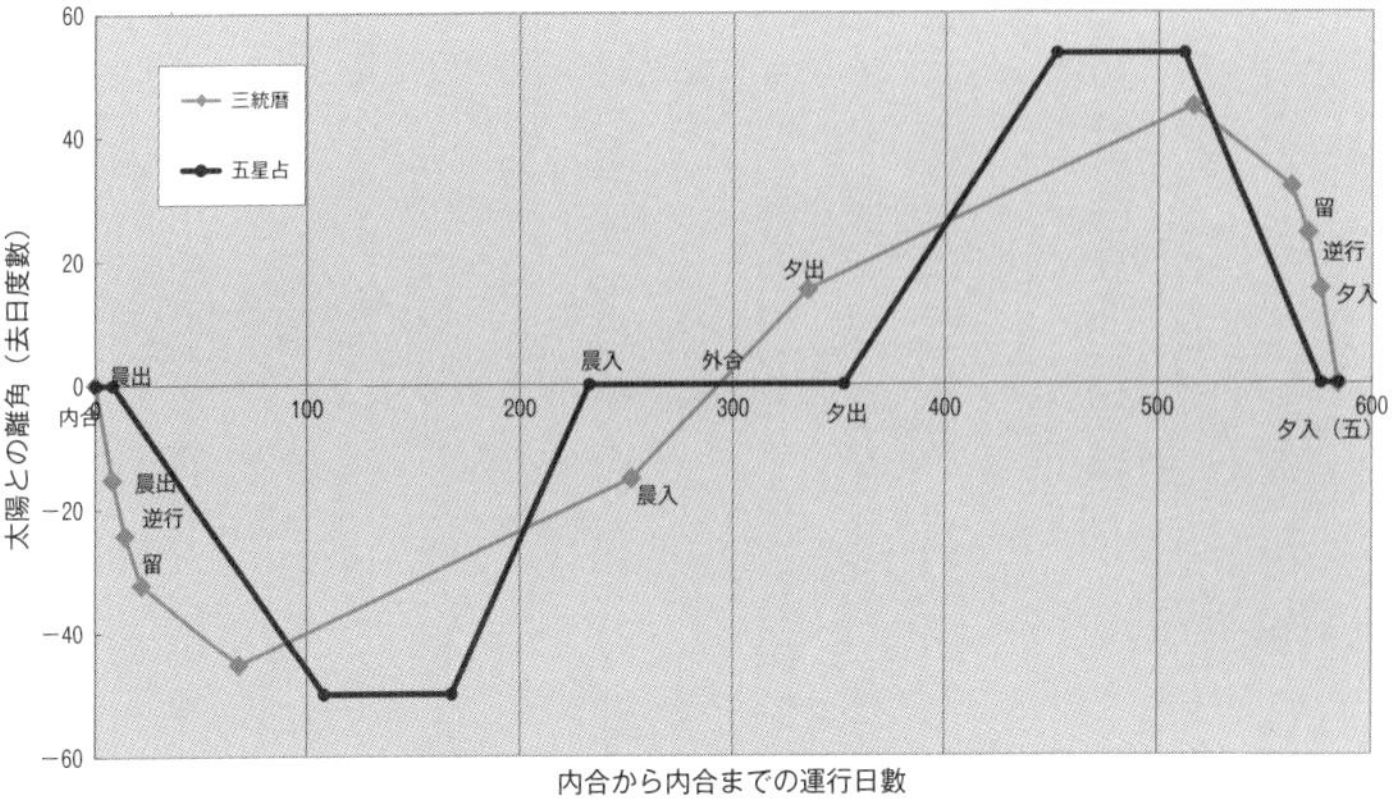

図12　『五星占』の金星運行モデル

一所に会聚した日月五星がまさに離別する瞬間に「暦元」を置こうとすれば、「合」の位置ではなく、「晨出」の時点を採用することになる。

惑星運動論の飛躍

顓頊暦が実際に観測されるはずの晨出、夕出の離角（始見去日度数）を無視したのは、観測の精度の問題ではない。始見去日度数を考慮した運行周期を理論化するためには、「伏」の期間とその前後に惑星の「逆行」を考慮に入れる必要があった。顓頊暦の遅行期間は後退するといっても、逆行しているのではなく、太陽の位置を基準にすれば金星が逆行しているように見えるだけで、金星はゆっくりとしたスピードで前進している。ところが、天体の位置関係によっては、逆行して遠ざかることがある（もちろん、実際に惑星が逆向きに旋回するのではなく、そのように地球から観測される「見かけの逆行現象」である）。

顓頊暦の段階では、日月五星が東から西へと逆行する現象は常軌を逸脱した異変であると見なしていた。だから、顓頊暦では遅速の順行だけで、逆行現象は想定せず、伏と浸行の期間は太陽と合宿状態にあると解釈するしかなかったのである。三統暦、四分暦では逆行現象を正しく認識し、その期間を設ける。

始見去日度数は、惑星の明るさによって多少の増減がある。三統暦では一律に半次（半次は十二次の半分（二十四分の一周天）、15 1010/4617度＝約15.219度）と設定する。後漢の四分暦になると、惑星の光度によって大小の違いを持たせ、最も明るい金星は九度で、木星十三余度、土星十五余度、水星十六度、火星十六余度と変更する。そして、晨行、夕行の速度変化についても、台形曲線ではなく、もう少し見かけの動きに近づけた数値に補正する。

顓頊暦から太初暦、三統暦を経て四分暦に至る過程で、数理天文学的に最も大きな飛躍は、逆行現象の定式化にあった。惑星運動論は、太初暦・三統暦を経て、四分暦によって補正され、基礎理論が確立する。一方では、五星会聚説、暦運説など、数理思想的な影響力は顓頊暦ほどではなくなり、数理天文学と術数学は袂を分かつのである。

太初暦の惑星逆行理論

ところで、太初暦の制定時にも日月五星（七曜）会聚説が唱えられた。それは、どのような天文説であっただろうか。『五星占』の行度表の続きを作成すると、木星、土星、金星が営室四度に復帰するのは、始皇元年から一二〇年後の元朔《げんさく》三年（前一二六）であり、その年が甲寅＝閼逢摂提格《あつぼうせっていかく》である。それから二十二年後の元封七年立春の晨出は、木星が斗、金星が虚、土星が心となる。冬至の前後における実際の天象は、日月は建星（斗二十一度〜二十二度）にあり、火星や水星が附近にいて、陽光に包まれてほとんど見えない合宿状況にあった。金星は危にあってやや遠ざかっており、一番最初に夕方に西方の空に出現し、夜半は地平線に沈んで見えなかった。木星は、十数度離れた後方にあり、その後方に土星が位置していたので、金星を無視すれば、「会聚」というほどではなかったが、近接して一直線に並んではいた。

しかしながら、木星、土星、金星を冬至点の建星に移動させて暦元とし、顓頊暦が天象からずれていたので補正したと主張するには、少々無理がある。通説では、食周期や五星の会合周期の修正は三統暦、もしくは太初暦から三統暦の間になされたとされる。ということは、八十一分法を導入して、一朔望月を改悪しただけで、数理天文学から眺めると、何の取り柄もなくなる。改元ならまだしも、改暦を敢行するのに、それではあまりにもお粗末すぎる。

多くの天文学的成果を三統暦に帰せられる要因は、『史記』天官書、暦書の記載が粗雑な理論しか論述していないことによる。すでに見たように、天官書の運行周期は明らかに顓頊暦に劣っており、暦書の記載は古四分暦のものであって、太初暦の最新情報を正確に伝えるものではない。とりわけ、金星の運行周期は、会合周期、最大離角、あるいは遅行、疾行に平行を加えていることなど、いずれを取っても、顓頊暦のほうが天官書よりもすぐれており、顓頊暦よりも後に成立した理論とは到底思えない。

しかし、天官書の記載がすべて『五星占』より旧説であるかというとそうではない。金星の運行において、晨行には「必逆行一、二舎、上極而反」、夕行には「必逆行一、二舎而入」とあり、遅行の期間中に一、二舎の逆行があることを明言する。顓頊暦では、惑星が逆行することは常軌を逸脱した運行であり、不吉な前兆であると見なした。ところが、太初暦で逆行現象を定式化したことを窺わせる記載がある。

天官書の末尾には、漢代になって天数（天道の数理）を修めた天文家として、星占には唐都《とうと》、雲気占には王朔《おうさく》、歳占（豊作占い）には魏鮮《ぎせん》がいたと述べる。唐都は、太初暦の制定に際して招致された民間の知暦者二十数名（本章第一節参照）の一人であり、落下閎《らっかこう》とともに天文観測によって新たに星度を定めるなど、理論構築のリーダー格であった。王朔は、雲気占を得意とした望気家で、同じく武帝期に活躍した人物である。魏鮮は、正月の夜明けに吹く風向きによって豊作占い（八風占）を行う術者であり、伝不詳であるが、やはり太史令だった司馬遷が直接に交わった占候家と思われる。彼ら三人を代表格として太初暦を中核理論とした天文暦学が形成されるのである。

彼らが唱えた新理論について、司馬遷は次のようにコメントする。

先秦の甘氏、石氏の暦法における五星法では、ただ熒惑（火星）だけに「反逆行」があるとするだけだったが、現今では熒惑が逆行して星宿を守る場合に加えて、他の惑星の逆行、日月食の場合も含めて占候を行うようになった。

さらに続けて、

（司馬遷は）史官の記録を調べ、実際に起こった出来事を鑑みると、この百年の間に五星が出現すると反逆行しないものはなかった。反逆行する場合には常に盛大に輝いて色を変えるという現象を伴い、日月の薄蝕には南北の運行に定まった時節がある。それが（日月五星の）「大度」（大法則）であると語る。

太初暦の数理構造の特色として、五星すべてに逆行現象を発見したこと、日月薄蝕の定式的に把握したことを明言しているのである。なお、「日月薄《はく》」とは、日月合宿の「朔」でない時に起こる日蝕のことである。また、「反逆行」は、西行（逆行）から向きを反転させて東行（順行）する動きを含めている。太初暦の最新理論がわずかであるが顔を覗かせている。

暦官としての司馬遷の疎漏

天官書の記載には、顓頊暦が依拠する五出八歳説を部分的に引用する。しかし、会合周期は石氏、甘氏の古説のほうが正統であるとして、顓頊暦の暦定数は採用しない。さらに、古説を下地にした運行周期に対して行度を用いた部分的修正を試み、さらに太初暦の最新理論である逆行現象も取り込んでいるのである。そのために、新旧の諸説が雑然と同居しており、晨行、夕行の日数や星宿数等が矛盾した論述になってしまっている。司馬遷が用いた種本の段階ですでに混乱していたという見方もできなくはないが、整合的な議論を展開している『五星占』の存在と逆行現象への論及があることから判断すると、司馬遷が数理的な検討を怠った誹りは免れることはできないだろう。

司馬遷が長官を務めた「太史」は、史官と暦官の両方を兼務する役職だった。『史記』は歴史を記録したというレベルに止まらず、歴史哲学と呼びうる思想性がある。後世に国家編纂の正史をはじめ、多数の歴史書が著されるが、『史記』ほどの出来映えに及ぶものはなく、彼は古今の歴史家のなかでも傑出した存在である。ところが、太初暦の改暦事業に直接に関わった暦官の責任者であるのに、いったいどうしたことか、天官書、暦書、律書いずれも多くの疎漏があり、中途半端な記載になっている。理論への理解が不足していたのか、手元に資料がなく『石氏星経』『甘氏星経』などの先秦の旧説に依拠してしまったのか、いずれにせよ顓頊暦の水準の高い惑星運動論は地下に埋もれてしまい、太初暦も貶め、三統暦にすべての手柄を持って行かれてしまう要因となった。

司馬遷に理系的なセンスがなかったと貶しているのではない。顓頊暦から太初暦への変遷過程について、担当部局の長官であった彼がしっかりとした証言を残してくれていさえすれば、顓頊暦、太初暦に至る古代暦の科学的業績がもっと明らかになったにちがいない。とりわけ顓頊暦、太初暦の数理天文学的な発見や工夫は、三統暦にすべて持って行かれているのが残念であり、にもかかわらず司馬遷の落ち度をこれまで誰も言い出さないので、ちょっと皮肉を言いたくなっているだけである。数理を言語化し、伝達することの困難さがそこに介在する。科学理論をわかりやすい知識として定着させるには、饒舌な語り手が必要である。司馬遷や劉向、劉歆をはじめ、漢代にはそのような資質が備わっている人物が多数いるように思われるが、古代の科学知識を包括する啓蒙書を著すには至らず、後世にも『日用類書』のような通俗書くらいしか成立しなかった。西洋科学と比較して、同時代の中国科学が理論的に劣っていたとは思わないが、科学啓蒙力という側面では極端に不足していることは認めなくてはいけない。先駆的な発明、発見をなした科学者、技術者が、陽の当たらない俗流空間で占術師と雑居するはめになる運命と悲哀は、太初暦の最新理論を書き漏らした『史記』の唯一と言ってもいい「瑕疵」によって描き出されている。

土星二十八歳説の顚《てん》末

ところで、顓頊暦以降には、始見去日度数を正確に把握するようになるとともに、土星の恒星周期もさらに精密な数値に補正され、二十九歳半の真値に近づく。太初暦を踏襲する三統暦では、二十九歳二十九分の二十三（29 23/29 歳）と精密化する。その数値の補正は、木星の場合と連動している。すなわち、木星の場合には、顓頊暦の十二歳で一周（十二次）という公転周期が実際よりも長すぎることを察知し、その十二倍となる一四四歳経過すると十二周してさらに一次多い一四五次を行くと定めた。そのことは、一四四歳ごとに歳の干支を一辰飛ばすという超辰法を唱えたことと表裏関係にある。土星の場合には、顓頊暦の三十歳で一周だったのを、木星と同様に考えて十二倍の三六〇歳で一四五次（十二周してさらに一次）、あるいは一四四年では五十八次を行くとする。つまり、顓頊暦における木星との公転周期の比率（十二：三十＝二：五）を一定に保ったままの補正を行ったのである。

ところが、不思議なことに、漢以降の文献において暦法の専門書を除けば土星の三十歳周期説はまったく顔を出さず、依然として二十八歳説が踏襲される。例えば、『開元占経』塡《てん》星占一、塡星行度二に引く『洪範《こうはん》五行伝』（劉向の著した『洪範五行伝論』からの引用）でも、やはり土星が歳ごとに一宿を移動し、二十八歳で一周天としている。

そこは、日月五星会聚の暦元説を述べた箇所であり、顓頊暦の「甲寅歳」「晨出」「営室五度」ではなく、甲子歳の冬至夜半に日月五星が牛前五度からスタートする時点を採用している。先秦の古暦では、暦元に冬至日を採用し、冬至点を牽牛初度とする。しかし、冬至点は歳差現象によって移動し、前漢には約五度西にずれて斗宿にある建星にあった。「牛前五度」とはそのことを指す。したがって、前漢の暦術に依拠する立論であると思われる。それでも、土星は依然として二十八歳で一周天としている。

また、『史記』天官書及び『漢書』天文志における晋灼《しんしゃく》注、『黄帝内経』金匱《きんき》真言論篇の王冰《おうひょう》注でも、一歳一宿であり、二十八歳で一周天という注釈を施している。中世以降も、『淮南子』天文訓、『史記』天官書を踏まえて、二十八歳周期説が語られ続ける。それは、一歳ごとに一宿を「鎮行」することを字義通りに受け取っているからである。『五星占』の行度表は、そのように錯覚させるものがないとは言えない。一歳一宿の言説には、営室や東井が二歳であるという認識を失わせ、二十八歳周期へとミスリードするほどに、もっともらしさがあったということだ。

顓頊暦の復権

暦学者の間では、二十八歳の周期のほうが粗率であり、近似値で言えば、「三十歳而一周天」となることがわかっていたとしても、『淮南子』天文訓の言説を駆逐するほどにその認識が浸透するには、新たな言説が必要だった。もっとも、古典の有する言語力が科学的認識を上回っていることを笑うべきではない。西洋天文学に精通した明晰な清朝考証学者や現今の天文学史研究者に至るまで、顓頊暦の一元に五星会聚が想定されているということが自明であったにもかかわらず、『淮南子』『史記』の二十八歳周期説や金星の惑星運動論に疑いを及ぼすことがなかった。『五星占』が発見されなければ、『淮南子』『史記』の「明文」を是正し、顓頊暦を復権させることはおそらく許されなかっただろう。

文献だけしか見ていない者はともかく、天体観測や推算を実際に行っている者ならば、一宿を通過するのに二歳かかることはすぐに察知されるだろうし、その表現が概略的なものにすぎないくらい了解済みのはずである。それなのに、誰も疑惑を感じることなく、何も言い出さないのはどうしたことだろう。五星会聚の周期に数理的合理性を求めれば、三統暦の暦定数から三十歳周期を顓頊暦に見出すことができたかもしれない。そのような論及姿勢がほとんど見られないのは、三統暦に比して顓頊暦があまりに過小評価されてきたことを物語る。二十八歳周期説が後世まで存続したことよりも、顓頊暦への偏見のほうがむしろ問題視されるべきなのである。

以上のように、顓頊暦から四分暦に至る過程で、観測データの数的処理の工夫で惑星運動論が大いに飛躍し、天文暦術は数理天文学へと飛躍した。後世においても、天文占星術は国家の命運を予見するツールとして大いに活用される。だから、中国天文学が占術を切り離して離陸するわけでない。

しかしながら、精度が高まった分だけ運行周期の数値は複雑な分数値となり、古四分暦のように立論しやすい整数値ではなくなる。会合周期などの暦周期を導き出そうとすると、桁数が大きくなってしまい、五星会聚現象による聖王出現や王朝交替の暦運説を語ることができない。実のところ、術数書に展開される占術は、古四分暦の数理構造に依拠する。暦注に用いる占術の配当説も同様である。

視点を反転させると、術数学は太初暦以降の数理天文学と少し距離を置き、古暦のスタイルを守りながら独自の道を歩んでいく。後漢四分暦が制定されるまでは、民間には古四分暦を支持する殷暦一派がいた。つまり、漢代術数学の進展を支えたのは、太初暦・三統暦ではなく、顓頊暦や殷暦であり、それが後世に受け継がれていく。だから、数理天文学と分岐したもう一つの暦術の展開がある。その中心的話題が前漢末の暦運説や緯書の暦術であり、思想史的にはこちらのほうが重要である。

第三節　聖王出現の暦運サイクル——孟子から緯書へ

孟子の聖王出現周期説

前漢末になり、政治体制の不安定さや大水、干魃《かんばつ》による社会不安が増大すると、災異説は予言的な性格を強め、漢王朝の衰亡を予言する終末論が政界を蹂躙する。そのような暦運説が唱えられる背後には、天文暦学のブレイクスルーがある。それを遡及的に考察すると、顓頊暦から太初暦、三統暦そして四分暦へと改暦され、緯書のごとき特異な「儒書」まで編纂される学問的背景が明らかになってくる。術数学の形成を考えると、天文暦法の発展史とは別の角度から検討する必要がある。

暦運の思想は、歴史的な出来事の周期性に気づくことからスタートする。王朝興亡、聖王出現について、文献的に最も古い言説は、『孟子』尽心下まで遡る。

堯《ぎょう》・舜《しゅん》より湯王《とうおう》に至るまで、五百余歳経った。禹・皐陶《こうよう》の場合には（堯舜の治世のやり方を）見て知り、湯王の場合には（遠い昔のことを）聞いて知った。湯王より文王に至るまで、五百余歳あった。伊尹《いいん》・萊朱《らいしゅ》の場合には、見て知り、文王の場合には聞き分けて洞察した。文王より孔子に至るまで、五百余歳経った。太公望《たいこうぼう》・散宜生《さんぎせい》の場合には、実見して理解し、孔子の場合には聞き分けて洞察した。孔子より以来今に至るまで、百余歳経ったばかりで、聖人の世を去ってからそんなに遠く隔てってていないし、聖人の居所（孔子のいた魯国）からきわめて近くにいる。このようであって、知ることができなければ、誰も知りえないことになるである。

堯・舜、殷の湯王、周の文王といった聖王とともに孔子を並べており、孔子を無冠の帝王とする孔子素王説として有名な一節である。孟子は、聖王、聖人の出現が五百余年ごとの周期になっていることに着眼し、五百年後に出現するにちがいない聖人のために孔子の後を継いだ自分の役割を述べる。昔の聖人の側近には禹・皐陶、伊尹・萊朱、太公望（呂尚）・散宜生といった輔佐する名臣、賢者がいた。聖人は残されたわずかな手がかりに耳を傾け、聖知を発揮して真正の道理を洞察したが、それを可能にしたのは同時代に側近にいた彼らが治世のやり方を間近で見て理解し、聖人の道を後世に伝えたからである。

この一説は『孟子』の最後尾に置かれている。したがって、この言説は、国家の治乱を議論しているわけではなく、孔子の後継者を自任し、諸国を遊説した言行録を残した著述意図を語ったものとして見なされている。しかし、『孟子』には、有名な性善説の関連において五徳説のプロトタイプとなる立論が見られ、暦運説の理論ベースとなる天道との感応関係に自然哲学的な強い志向を感じさせる。

三五の暦運

孟子の五百年周期説は、天文暦数と結合した暦運説に発展する。漢初の伏生《ふくせい》の著作とされる『尚書大伝』では、「天地人の道備わり、三五の運興る」とあり、「三五」の暦運を唱える。「三五」については、三つの解釈がある。

（一）三正（または三統、三才）と五行
（二）三皇五帝、三王五伯《は》（五覇）
（三）三百年、五百年および一五〇〇年。

三者は違っているように見えるが、別の観点から古帝王の王朝変革の暦運を表現したものであり、相互に関連づけられる。『尚書大伝』を引く『風俗通義』巻一では、その前後で三皇、五帝、三王、五伯に論及しており、「三五の運」とは三皇五帝、三王五伯と交替していくこととする。五伯を述べた末尾には、（一）（二）の解釈を折衷させる。

「三統」とは天地人の始め、道の大綱である。「五行」とは品物の宗である。道は三の数によって興り、徳は五の数によって成る。だから、三皇五帝、三王五伯において、至道は遠からず、三五にして復た反（返）る。

年数については、『史記』天官書に、次のように語る。

夫れ天運、三十歳にして一たび小変し、百年にして中変し、五百載にして大変し、三たび大変して一紀、三紀にして大いに備わる、此れ其の大数なり。国を為むる者必ず三五を貴ぶ。上下各々千年にして、然る后に天人の際続備す。

天運の周期とは、三十年での小変、三倍強の百年での中変、五倍の五百年での大変、さらに三倍の一紀一五〇〇年、また三倍の三紀四五〇〇年での大備であり、それが為政者の貴ぶべき「三五」の運数とする。

緯書では、『尚書大伝』、『史記』天官書の所説をさらに数理化し、壮大な暦運説を大々的に唱える。「三五」の暦運説については、『春秋緯保乾図《ほけんと》』の「三百年にして、斗歴　憲を改む」が後漢四分暦への改暦の論拠に利用された（『続漢書』律暦志）。「斗歴」とは、中国暦では月日を定める基準に「斗建」（北斗の斗杓が指す方位）を用いることによる。この他にも、『晋書』刑法志の引用文では「王者、三百年にして、一たび法を蠲《けん》（明）らかにす」とある。この論説で明示されるように、三百年周期での改暦は、「改憲」「蠲法」（明法または除法）、すなわち国家の法令を改変し、諸制度を一新させることを象徴する。『春秋緯演孔図《えんこうと》』では、「天運　三百歳にして、雌雄代わるがわる起す」（『文選《もんぜん》』答客難、李善注所引）と述べ、聖人生起の周期とする。

「三百年」という年数について、後漢の郎顗《ろうがい》は、孔子の言葉として『春秋緯保乾図』の上文を引用した後に「三〇四歳を一徳と為す。五徳一五二〇歳にして、五行更《こも》ごも用いらる」と説明する。三百年は、顓頊暦の一紀（一五二〇年）を五等分した三〇四年の概数であり、それぞれに五徳（五行）を配当する。

そのような配当説は、『易緯乾鑿度《えきいけんさくど》』巻下にも見られ、「孔子曰く、至徳の数、先ず木金水火土の徳を立て、三〇四歳を合して、五徳備わる。凡そ一五二〇歳にして、大終し初めに復る」と述べる。三〇四年が「五徳の運」であるから、暦法や法令の改正の周期と見なすのである。

五百年の周期説については、『尚書緯考霊曜《こうれいよう》』に「五百載にして、聖　符を紀す」（『太平御覧』巻四〇一所引）、「四五六〇歳にして、精　初めに反《かえ》り、命几《けいき》を握り、河図《かと》を起し、聖受けて思う」（『初学記』巻一七所引）とある。五百年で聖王が（河図洛書の）符命を記し、四五六〇年で天精が初源状態に復帰し、命運（「几」は「機」に通ず）を掌握して河図を出現させ、聖王がそれを授かって天意を熟慮するという。一五〇〇年とその三倍の四五〇〇年という年数は、顓頊暦の一紀、一元の大周期である。

ところで、孟子の五百年周期説は、司馬談が司馬遷に告げた言葉にも引用される。

周公が死んでから五百年経って孔子が出た。孔子から今に至るまで五百年になっている。それを受け継いで明かにし、易伝を正し、春秋を継ぎ、詩書礼楽の際に本づくことができる人物がいるだろう（『史記』太史公自序）。

司馬遷は、その遺志を承け、孔子が編纂した『春秋』を継いで『史記』を執筆する。その編纂意図は、孔子の「述べて語らず」（『論語』述而）を言いかえた「（自己の主張、意見の）空言をあれこれと書き並べるよりは、深遠かつ切実で、明白な出来事を示したほうがいい」（『史記』太史公自序、『春秋繁露』兪序《ゆじょ》篇に引く孔子の言）という教えによって明示する。

自己の哲学、思想を主張するよりも、先人の教え、過去の出来事を「祖述」することに学問的な価値観を置く。そのために、厖大な数の注釈書と歴史書、見聞録を量産したのにもかかわらず、思想書、理論書の類はあまり著されなかった。そのような遡及的な学問姿勢は、保守的な色合いが濃い。しかし、「復古」のベクトルには、伝統の再興によって現実の打破を目指すという方向性もある。「復古」を「革新」へと転換させるには、新たな大義名分が必要である。「三五」の暦運説は、数理的な根拠を提供したのである。そのような革命イデオロギーを要請する思想的背景があって、緯書という偽書が孔子の著した釈義書として捏造され、予言と革命の暦運思想を漢代経学の世界にもたらすのである。

易緯の世軌《せき》法

易緯や春秋緯は、殷暦、顓頊暦などの暦定数を用いるが、『尚書緯考霊曜』や『易緯乾鑿度』では、一ヶ月を二十九日と八十一分日の四十三とし、太初暦の一朔望月の日数も掲載する（ただし、一太陽年は三六五日四分の一）。ところが、そのような折衷的態度に終始するのではなく、『易』『春秋』と結合した独自の暦術を展開する。それは、他の緯書の理論的基盤にもなっており、緯書暦と呼べるものであり、後漢の改暦論争では論拠として中心的な役割を担った。実際に施行することを目的とするものではないが、思想的には大きな影響力を発揮した。

『易緯乾鑿度』に展開する暦術には、二法ある。世軌法と「二七六万歳」の暦法である。

世軌法とは、三万一九二〇歳を「天命を授かる」一大周期とし、四十二軌に等分してその間に「易姓四十二、純徳七」を割り当てる暦術である。

顓頊暦の一元四五六〇歳は七の倍数ではなく、二十八の約数を持たない。そこで、一元を七倍した三万一九二〇歳を考える。その場合、一から八までの自然数、十二、十九、二十八などを約数に持つ。七十六歳の「一紀」を基本的な周期とし、十紀（七六〇年）ごとに一卦を配当して「一軌《き》」、陰陽二卦の二軌一五二〇歳を「一部首（又は一部）」、四十二軌（三万一九二〇歳）を「一極」（＝二十一部首、四二〇紀）とする。

四十二軌に配当する易卦は、十二消息卦を三巡させ、さらに六子卦（乾坤を除く八卦、坎離震巽艮兌）を加える。十二消息卦には乾坤二卦が含まれており、乾坤二卦を純徳として「帝」とし、残りの十二消息卦は「王」とする。六子は「帝」と「王」の中間的存在と見なす。純徳は七軌、王は三十五軌あるとするのは、六子の坎を純徳に加え、他の五卦を王に加えたものである。そして、四十二軌に聖人、君子、庸人、小人のいずれかを配当する。一極のサイクルには、乾坤が各三回、坎が一回、合計七回出てくる。「易姓四十二、純徳七」とは、そのことを意味する。

『周髀算経』の大周期説

この大周期は、『周髀算経《しゅうひさんけい》』にも見られる。『周髀算経』は、蓋天説の宇宙構造を数学的に説明したものであり、句股《こうこ》定理（三平方の定理）や三角測量の相似計算を応用した重差術《ちょうさ》といった数学理論を論じた数学書でもある。『九章算術』とともに中国数学のバイブルと見なされており、緯書と同じく、前漢末から後漢初めに成立したとされる。

そこでは、三万一九二〇歳を「一極」とし、一章（十九歳）→一蔀《ぶ》（七十六歳）→一遂《すい》（一五二〇歳）→一首（四五六〇歳）→一極（三万一九二〇歳）という周期を考える。「一極」の大周期を説明して、「万物を生じる数がすべて尽き、万物が最初の状態に復帰し、天が暦元を変更し、新たな暦を作成し、記録する」と説明する。『易緯乾鑿度』の名称とは少し異なっており、両者の立脚する数理は共通する。

その数理的な考察は、趙爽注がすでに試みている。『易緯乾鑿度』『尚書緯考霊曜』等の緯書を引用しながら、一遂、一首、一極について、次のように注解する。

一遂の「遂」は、「竟《お》わる」という意味であり、三〇四歳ごとに配当された五行の徳が極まり終わって、一終（一巡）する周期であり、日月辰もちょうど暦元状態になる。「日月辰」には、五星（惑星）は含まれない。一首では、それに五星が加わり、七曜が暦元の初源状態（暦元の起点）に回帰する。さらに、一極では、万物の生育に至るまでの自然界の現象のすべてが復帰する一大周期となる。

一首は、顓頊暦の一元に相当する。趙爽は、『尚書緯考霊曜』の文を引用し、日月五星が起点（牽牛《けんぎゅう》初度）に会聚し、連なる宝石のようになり、干支も甲寅歳甲子日となり、暦元の初源状態に復帰する周期であると注釈する。一極の大周期を唱えてはいるが、顓頊暦の五星会聚の周期はそのまま踏襲しているのである。

二七六万歳の暦術

易緯や春秋緯では、天地開闢を暦元とし、「獲麟《かくりん》」の年までの積年数を「二七六万歳」とする独自の暦説を唱える。前漢六暦や三統暦の暦元は十四万年前後であるから、比類なき壮大な年数である。「獲麟」の年とは、『春秋』哀公十四年（前四八一）を指す。孔子は、『春秋』を著したときに、「西狩獲麟」（哀公が西に狩りに出て麒麟を捕獲した）という記事で筆を絶ち、世を去ったとされる。

暦法の中心的な論題の一つに、周の文王が受命し、殷の紂王を討伐して周王朝を創立することがある。『易緯乾鑿度』巻下に次のように述べる。

今、天元に入ること二七五万九二八〇歳にして、昌　西伯を以て命を受けり。戊午部に入ること二十九年にして、崇侯《すうこう》を伐《う》ち、霊台《れいだい》を作り、正朔《せいさく》を改め、王号を天下に布《し》き、録を受け河図に応ぜり。

易緯で文王が重要視されたのは、『易』の八卦および経伝の創作者である「三聖」の一人と見なされたからである。

皇策《こうさく》を垂るる者は羲《ぎ》、卦を益し徳を演ずる者は文、命を成す者は孔なり。（『史記』周本紀正義所引『易緯乾鑿度』）

とあるように、伏羲が八卦（皇策）を創作し、文王が八卦を重ねて六十四卦に敷衍し、卦辞・爻辞を著して道徳を説き、孔子が十翼を著して天命を完成させたと考える。

天命を授かった文王は、戊午部二十九年に殷の紂王の佞臣、崇侯虎《すうこうこ》を討伐し、天文台（霊台）を建設して暦法を定め、中国統一の王となったことを天下に号令し、河図の符命に応じた。その後、次子の武王が覇道を受け継いで紂王を討ち、周王朝を創立する。

天元以来の積年数は、「戊午蔀《ぼごぶ》（部）二十九年」という蔀法によって表記される。「戊午部」とは、緯書暦では一部（一五二〇年）を一紀（七十六年）ごとに二十部に分け、歳首（十一月朔日）の日の干支を冠したものである。七十六歳ごとの歳の干支と歳首の日干支が一巡りするのは、古四分暦の一元（四五六〇歳）を周期とする。

表3

〈天元〉			
甲寅歳甲子日	庚午歳癸卯日	丙戌歳壬午日	壬寅歳辛酉日
戊午歳庚子日	甲戌歳己卯日	庚寅歳戊午日	丙午歳丁酉日
壬戌歳丙子日	戊寅歳乙卯日	甲午歳甲午日	庚戌歳癸酉日
丙寅歳壬子日	壬午歳辛卯日	戊寅歳庚午日	甲寅歳己酉日
庚午歳戊子日	丙戌歳丁卯日	壬寅歳丙午日	戊午歳乙酉日
〈地元〉			
甲戌歳甲子日	庚寅歳癸卯日	丙午歳壬午日	壬戌歳壬酉日
戊寅歳庚子日	甲午歳己卯日	庚戌歳戊午日	丙寅歳丁酉日
壬午歳丙子日	戊寅歳乙卯日	甲寅歳甲午日	庚午歳癸酉日
丙戌歳壬子日	壬寅歳辛卯日	戊午歳庚午日	甲戌歳己酉日
庚寅歳戊子日	丙午歳丁卯日	壬戌歳丙午日	戊寅歳乙酉日
〈人元〉			
甲午歳甲子日	庚戌歳癸卯日	丙寅歳壬午日	壬午歳辛酉日
戊寅歳庚子日	甲寅歳己卯日	庚午歳戊午日	丙戌歳丁酉日
壬寅歳丙子日	戊午歳乙卯日	甲戌歳甲午日	庚寅歳癸酉日
丙午歳壬子日	壬戌歳辛卯日	戊寅歳庚午日	甲午歳己酉日
庚戌歳戊子日	丙寅歳丁卯日	壬午歳丙午日	戊寅歳乙酉日

起点を甲寅歳甲子日とすると、七十六歳経過した二番目以下の歳首は、**表3**のようになる。

これらの干支の推移は単純ではないが、歳干、歳支、日干、日支ごとに別々に眺めると、繰り返しの規則性があることに気づくだろう。歳支は寅→午→戌の三組（火の三合）、日支は子→卯→午→酉の四組（四正）の単純な繰り返しとなる。歳干は甲→庚→丙→壬→戊の陽干が相克の順行（勝たざる所への移動）であり、日干は甲→癸→壬→辛→庚→己→戊→丁→丙→乙という具合に十干の逆回りになる。四五六〇歳において、歳干支と日干支の組み合わせは全部で六十通りある。日干支の場合には、一五二〇歳で一巡し、一元で三周する。したがって、『易緯乾鑿度』では、それぞれ上元、中元、下元（または、天元、地元、人元）に分ける。そして、甲子部、癸卯部という具合に七十六歳ごとに日干支を冠して二十部を命名する。

天元の「戊午部」とは、起点の甲子部第一番目の甲子部元年から数えて七番目の紀になり、歳首の干支は「庚寅歳戊午日」（入元以来の積年数は五六七年）であり、「戊午部二十九年」とは四八五年目にあたり、戊午歳になる。

文王受命の歳は、暦元とする開闢以来の積年数「天元二七五万九二八〇歳」とあるので、2,759,280＝605×4560＋76×6＋24 であるから、暦元から数えて六〇六番目の天元に入って、七番目の「戊午部二十四年」（癸丑歳）になる。したがって、文王受命の歳は、「伐崇（崇侯虎の討伐）」より五年前ということになる。

暦元の算定法

緯書暦は、『易緯乾鑿度』とともに『春秋緯命暦序《めいれきじょ》』にも大々的に展開される。いつに暦元を置いたのかは、明言されないが、後漢の暦法論争において論拠に両書がしばしば引用されるので、算定することができる。蔡邕《さいよう》の暦議では『春秋緯命暦序』を引用して、獲麟（前四八一）を「庚午蔀二十三歳」とし、さらに獲麟から数えて二七五年目の「丁卯《ていぼう》蔀六十九歳」が漢元年（前二〇六）の前年とする。

庚午蔀は第十五番目、「丁卯蔀」は第十八番目の部首である。「獲麟」庚申歳（前四八一）、漢元年乙未歳（前二〇六）から逆算すると、文王受命が前一〇八八年、上元元年にあたる甲子蔀元年（第一番目の部）が前一五六七年、天地開闢の暦元はそれからさらに六〇五元（二七五万八八〇〇年）遡らせた年と算定される。近時点の前一五六七年は、殷暦の起算点である甲寅歳、すなわち湯王が暴君、桀王を伐ち、殷王朝を建設した「伐桀」の年と思われる。

「二七六万歳」とは「天地開闢より獲麟に至るまで」の積年数と主張される。ところが、「文王受命」の戊午部二十四年から「獲麟」の庚午部《こうご》二十三年において庚申歳《こうしん》までの年数は、六〇七年（76×(15－7)－1）であるので、「天地開闢より獲麟にいたる」積年数は二七五万九八八七歳となる（2,759,280＋607＝2,759,887＝605×4560＋76×14＋23)。積年数は暦元の甲寅部甲子歳を積年数一歳として数えるから、実際の隔年数は、二七五万九八八六年となり、「二七六万歳」には一一四年不足する。「二七六万歳」は概数を挙げたものである。

では、緯書暦の暦元は、どのような数理に基づいて定められているのであろうか。殷暦の甲子蔀元年を基準とすれば、天体の基本状態が得られるのは、前一五六七年から一元四五六〇年の整数倍遡った年であればよい。そのなかで、もう一つの起算点と思われる前三六七年から数えて、何万年前という具合にちょうど区切りのよくなる年を、天地開闢の暦元に採用したとすると、それは簡単な不定方程式になり（四五六〇の整数倍を順に計算していくだけでも容易に求められるので、不定方程式を解いたとしなくてもよいが）、その解として、四十八万・一〇五万・一六二万・二一九万・二七六万・三三三万……が得られる。該当する年は、それほど多くない。つまり、「二七六万歳」の選定は、単なる思いつきだけではない。

図13 西狩獲麟の図（『聖蹟図』より）

暦元の数理の手がかりが『漢書』律暦志下、世経にある。そこでは、三統暦の推算によって、殷暦などの前漢六暦の年代記が正しくないことを力弁する。「伐桀」に関しては、次のような論及が見られる。

四分、上元至伐桀十三万二一一三歳、其八十八紀、甲子府首、入伐桀後一二七歳。

ここの「四分（暦）」とは、前漢六暦の一つで、「丁巳」を暦元とする「周暦」を指す。周暦と殷暦との相違は、暦元とする干支を甲寅から丁巳に移しただけである。甲寅から丁巳までは四つ隔てており、周暦の上元は殷暦より五十七年前になる。「府首」は、『易緯乾鑿度』の「部首」と同義であり、一紀一五二〇年を一府首とする。「八十八紀」（八十八番目）の歳首は暦元から十三万二二四〇年後である。三統暦を用いた劉歆の推算によると、上元から「伐桀《けつ》」までが十三万二一一三歳なので、周暦の八十八紀、甲子府首は「伐桀」から一二七年後となってズレが生じていることを指摘したものである（132,113＋127＝132,240＝1520×87）。

ということは、周暦と同じく、殷暦の場合にも、「伐桀」の歳を第八十八紀目の初年と考えていたはずである。十三万二二四〇年は、一元の二十九倍であり、殷の湯王元年に古四分暦の暦元の状態に復帰し、第三十元目のサイクルが始まるとするのはもっともらしい。したがって、殷暦の上元は、「伐桀」より八十七紀（二十九元、十三万二二四〇年）遡ったところに据えられたと考えられる。

緯書暦の暦元から殷暦上元の暦元までの年数は、天地開闢から「伐桀」までの隔年数から八十七紀を差し引けば算出できる。

2,758,800－132,240＝2,626,560

二六二万六五六〇歳（五七六元）という大数は、実のところ天文暦数と易数を結合させることによって導き出される一大周期になっている。すなわち、日月五星の会合周期と易数の大周期との最小公倍数に合致し、緯書暦が殷暦の上元をその分だけ遡らせて天地開闢以来の人類の歴史を創造しようとしたと考えられる。

天地開闢説の数理構造

この推定は、新城新蔵《しんじょうしんぞう》氏の『東洋天文学史研究』の考察を大いに参考にしているが、博士とは異なる見解なので、その数理構造を詳しく解説しておく。『易緯乾鑿度』では、「積歳二十九万一八四〇」という大周期を述べる。一紀七十六年と六十四卦を掛けて六十倍したものであり、その積日「一億六百五十九万四千五百六十」が「一万一五二一析」の九二五三周になっていて、「易が一大周し、律暦が相得たり」と述べる。

『易緯乾鑿度』の主歳卦術では、二卦を一年、六十四卦を三十二年に配当し、一爻と一析（易卦を決める際に用いる筮竹の本数）を一月、一日に割り当てる。析数とは、五十本の筮竹を用いて爻を決める操作で、最終的に左右の手に残る筮竹数であり、老少陰陽の数「六・七・八・九」の四倍のいずれかである。乾卦の場合、六爻すべて老陽九であるので、析数は二一六（乾策、老陽九×四×六爻）、坤卦の場合、六爻すべて老陰であるので、析数は一四四（坤策、老陰六×四×六爻）である。他の卦は一定ではないが、六十四卦三八四爻の合計数は一万一五二〇析となる。一析を一日に配当させたとすると、一万一五二〇日が一サイクルである。一紀（七十六年）の積日数は二万七七五九日であるから、一万一五二〇析との最小公倍数を求めると、一億六五九万四五六〇日（＝二九万一八四〇年）になり、卦爻や析数と暦日とが初原状態に復帰する一大周期が得られる。

この周期は、『礼緯斗威儀《れいいといぎ》』にも、

二十九万一八四一歳にして反り、太素冥茎《めいけい》たり。蓋《けだ》し乃ち道の根ならん。（『重修緯書集成』巻三、六八頁）

とあり、タオ（道）の根源＝宇宙の初源状態である「太素」に復帰する周期と老子の生成論と関連づけられている。

この周期の九倍がちょうど二六二万六五六〇年になる。単純に九倍しただけという見方も考えられるが、緯書では暦元での日月五星会聚を強調するから、その会合周期が関与している可能性が大である。

漢志に掲載する五惑星の「大周」の最小公倍数は、十三万八二四〇年になり、それが「五星会終」の大周期と考えられたはずである。それと易数を含む大周期二九万一八四〇年との最小公倍数を取れば、二六二万六五六〇年（五七六元）が得られる。

殷王朝より十三万年遡《さかのぼ》る殷暦の暦元説は、三皇の中心である伏羲の治世からの年代記を想定すると思われる。緯書暦は、人皇伏羲から人皇を独立させ、天地開闢の時代に据え直したのであるが、易数による二十九万余年の中周期を介在させることによって、八卦と暦法を創作したとする従来の伏羲伝説に通合させようとする。また、九倍の整数値を採用することによって、伏羲以下の三皇五帝から現世に至る時代よりも以前に九つの時代が区分されるという着想も思いつく。

以上のように、緯書暦は、易数と暦数を結合させた精緻な数理構造を有しており、術数学の本領が遺憾なく発揮されている。三統暦も同じような数術を繰り広げるが、易数との結合においては緯書のほうが数理的な整合性がある。それは劉歆のせいではなく、太初暦・三統暦の暦定数が本来、易理とは別に定められていて、やや強引に易数と附会させているからである。

第四節　天地開闢説と古代史の創造――緯書暦の数理構造

天地開闢の人皇説

壮大な周期の暦運説を展開する緯書暦には、大きな目的があった。神話伝説に登場する三皇五帝などの古帝王について年代記の作成を目論んだのである。そのために、天地開闢から獲麟までの二七六万歳を十紀に分け、九龍・五龍・摂提《せってい》・合雒《ごうらく》・連通・序命・脩飛《しゅうひ》（循蜚《じゅん》）・回提（因提）・禅通・流訖《りゅうきつ》（疏訖）と命名する。

第一紀の「九頭紀」は、『春秋緯命暦序』に、「人皇氏九頭、羽蓋《うがい》を提げ、雲車に乗り、暘口《ようこう》より出で、九河を分《わか》つ」（『文選』魯霊公殿賦李善注所引）とあるように、天地開闢した後に人類が誕生し、最初に君臨する皇帝＝人皇の治世である。「九頭」とは、人皇が九人兄弟であることにちなんだ命名である。九河を分有し、やがて九州となる中央、八方の国をそれぞれ統治することを含意する。第二紀の「五龍紀」は、五姓による五方（中央、四方）の統治であり、五姓の皇帝が同時期に出現し、龍に乗って神に通じていたとする。

人類の歴史を天地開闢まで遡らせ、その治世が人皇に始まるとするのは、興味深い。天地が開闢し、人類最初の皇帝が人皇であるとする所説は、後漢初に王充が著した『論衡』論死篇にも見ることができる。それに先立つ天皇、地皇は、人類ではなく、天地の自然神と考えているのだろう。

緯書では、三皇、五帝やその間に存在する古帝王の治世の年数や事績を詳論する。ただし、三皇が誰であるのかについては諸説がある。緯書を典拠とする『白虎通義《びゃっこ》』号篇、『風俗通義』皇覇《こうは》篇などでも定説がなく、後漢初には諸説紛々としていたことがわかる。『風俗通義』によれば、三皇には次の三説が主張された。

1、燧人《すいじん》、伏羲《ふっき》、神農《しんのう》（『尚書大伝』『詩緯含文嘉《がんぶんか》』）

表４　主な緯書の種類

易緯	乾鑿度《けんさくど》、稽覧図《けいらんず》、通卦験《つうかけん》
尚書緯	考霊曜《こうれいよう》、刑徳放《けいとくほう》、帝命験《ていめいけん》
尚書中候	握河紀《あくがき》
詩緯	含神霧《がんしんむ》、推度災《すいどさい》、氾歴枢《はんれきすう》
礼緯	含文嘉《がんぶんか》、稽命徴《けいめいちょう》
楽緯	動声儀《どうせいぎ》
春秋緯	元命包《げんめいほう》、命歴序《めいれきじょ》、合誠図《ごうせいと》、考異郵《こういゆう》、感精符《かんせいふ》、保乾図《ほけんと》、説題辞《せつだいじ》、漢含孳《かんがんじ》、演孔図《えんこうと》
孝経緯	援神契《えんしんけい》、鉤命決《こうめいけつ》
論語讖	摘輔象《てきほしょう》
河図	帝覧嬉《ていらんき》、握矩起《あっくき》
洛書	甄曜度《けんようど》、霊準聴《れいじゅんちょう》

2、伏羲、女媧《じょか》、神農（『春秋緯運斗枢』）

3、伏羲、祝融《しゅくゆう》、神農（『礼号諡記』）

『礼号諡《し》記』とは、いかなる書であるか判然としないが、『詩緯含文嘉』『春秋緯運斗枢《うんとすう》』の緯書と同類のものと思われる。このなかでは『尚書大伝』が時代的に最も古い。『風俗通義』に引用されている『尚書大伝』の所説を掲げると、次の通りである。

　遂人を遂皇と為し、伏羲を戯《ぎ》皇と為し、神農を農皇と為すなり。遂人火を以て紀す、火は、太陽なり。故に遂皇を天に託す。伏羲人事を以て紀す、故に戯皇を人に託す。蓋し天　人に非ざれば因らず、人　天に非らざれば成らざるなり。神農地力を悉くして穀疏を種う、故に農皇を地に託す。天地人の道備わり、三五の運興《お》こる。

すなわち、古い順から言えば、燧人―伏羲―

神農が、天―人―地の三皇に配される。その順序は、天地の創造から人類の出現という時間的な序列にならず、天地の間に人が存在する空間的位置関係である。他の二説では、燧人を除き、伏羲を天皇、神農を人皇とし、神農との間に女媧や祝融を挿入して、時代順に配列した三皇説とする。

三皇説については、すでに『荘子』天運篇や『呂氏春秋』諸篇に「三皇五帝」の用語が存するが、具体的な説は、『史記』が最古の史料である。『史記』では五帝本紀を立て、黄帝・顓頊・帝嚳・尭・舜を五帝とするが、三皇本紀はない。現存本の三皇本紀は、唐の司馬貞が補ったもので、三皇を伏羲、女媧、神農とし、天皇・地皇・人皇という別説を並記し、春秋緯を引いて十紀説にも言及する。

ところが、『史記』始皇本紀には三皇説に言及がある。すなわち、李斯などが「古に天皇有り、地皇有り、泰皇有り。泰皇最も貴し」ということを理由に、始皇帝に「泰皇」の尊号を称するように進言したことが述べられている。天地人の三才説によれば、「泰皇」は「人皇」である。また、封禅書に、太一神を祠る方術を武帝に奏上した言に、「天神貴き者は太一なり。太一の佐を五帝と曰う」とあり、その後の上書に「天一、地一、太一」の三一神を祠る古制が語られている。それらによれば、五帝より以前に天・地・泰（太）の三皇が想定されており、そのなかで泰皇が最も貴いとされ、天上の太一神（北極神とされる）に比せられたことが知られる。

緯書には、『尚書大伝』の三皇説の影響の元に、天地開闢して伏羲が人類最初の王として君臨したとする記載がある。『春秋緯元命苞』に、「天地が開闢し、暦数の経法が生じ、天命改革の気運が新たに起こり、天子が革命によって名を改める。人類は伏羲の治世に始まり、人民に君臨する皇帝の位がそこで定められた」とある。また、『春秋内事』に、「伏羲による制暦の具体的な言及として、天地開闢せしとき、五緯各々其の方に在り。伏犧に至りて乃ち合す。故に以て元と為す」とある。天地が開闢した時には、（五行に配された）それぞれの方位にいた五惑星が、伏羲の治世にいたって一宿に会合したので、その時を暦元としたとする。二説とも天地開闢と人皇伏羲とを結びつける。

『易緯乾鑿度』『春秋緯命暦序』に展開する緯書暦の十紀説では、人皇と伏羲を別人物とし、人皇の治世である「九頭紀」は、臣下は存在したが官職はなく、ただ君臣という尊卑の区別を設けただけであったと考える。天地開闢の人皇を伏羲と切り離すことで、その間に国家制度が次第に整備され、文明化の道を辿《たど》っていくという発展過程を想定する。さらに、他の緯書には人皇に先立つ天皇、地皇も登場してくる。『易緯乾鑿度』『春秋緯命暦序』が緯書のなかでも比較的早い成立であると見なされているので、人皇が伏羲から切り離され、緯書暦が考案された後に、天皇、地皇も古帝王化して後世の三皇説に移行したのではないかと思われる。

そのような三皇説との関連で注目されるのが、王莽が年号を「地皇《ちこう》」に改めたことである。王莽の建設した「新」王朝は始建国《しけんこく》、天鳳《てんほう》、地皇という三つの年号を用いた。「地皇」への改元は、天鳳六年（紀元十九年）の春、赤眉の乱の直前のことである。盗賊が頻《ひん》発するので、太史に「三万六〇〇〇歳暦紀」を検討させて、六歳ごとに改元することを決めた。布告の下書には、『紫閣図《しかくと》』という符命を記した予言書を引く。

太（泰）一・黄帝はみな仙化して昇天するのに、崑崙山の上で音楽を奏でた。後世の聖主で瑞祥を得た者は、秦地であった終南山の上で音楽を奏でるべきである。

仙人となった古帝王に黄帝とともに「太一」を挙げる。黄帝以下の五帝に先行する天一・地一・太一の三皇説を用いている。「地皇」という年号に改めた典拠である三万六〇〇〇歳暦がどのような暦術であるかは不明である。天皇、地皇の治世が一万八千年とあり、合計すると三万六〇〇〇歳になることが関係するかもしれない。

司馬貞の『史記』三皇本紀に、天皇と地皇の治世が「一万八〇〇〇年」と述べ、人皇について「凡そ一五〇世、合して四万五六〇〇年」と述べる。その論説は、『河図』および『三五暦紀』からの引用であると注記するので、もとは緯書説に由来する。四万五六〇〇年の数値は、古四分暦の一元（四五六〇年）の十倍であり、天皇、地皇とセットになっていない。『紫閣図』でも「太一」は遷化した古帝王としているのは、初源的な三皇説では天皇、地皇（または天一、地一）と人皇（または太一・泰皇、太一）とは異なる存在であることを反映する。そのように考えると、三皇説に暦術を絡めた「三万六〇〇〇歳暦紀」と『易緯乾鑿度』『春秋緯命暦序』の緯書暦とは類縁関係にあり、同時代の成立であることを窺わせている。

十紀法と古帝王

天地開闢を暦元とする十紀に、人皇以下の古帝王がどのように配当されたかは、易緯以外は散逸してしまっているので、判然としない。中心人物である燧人や伏羲がどの紀に属していたかすら明確ではない。そこで、少しばかり穿鑿《せんさく》を試みると、鄭玄《じょうげん》の『六芸論』に手がかりがある。すなわち、易卦に具象された天地自然の変化や政治教化の施行が人皇の時代に初めて生起したとし、遂皇から六紀九十一代を経て、伏羲に至り、始めて「十言の教え」を創作したと言う。「十言の教え」とは、『漢上易伝』巻八所引『六芸論』の佚文によると、八卦（乾坤震巽坎離艮兌）と消息卦、つまり易卦の作成である。その過程は、人皇―遂皇（燧人）―伏羲の順序で語られており、『易緯通卦験《えきいつうかけん》』を踏まえている。

遂皇と伏羲の間が「六紀九十一代」とあることについて、方叔機《ほうしゅくき》注では、

> 六紀とは九龍紀・五龍紀・摂提紀・合雒紀・連通紀・序命紀なり。九十一代とは九龍一・五龍五・摂提七十二・合洛三、連通六・序命四、凡そ九十一代なり。

と説明する。その解釈によれば、六紀とは最初の「九頭紀」から第六紀の「序命紀」までを指し、伏羲は第七紀の「脩飛紀」に属するとする。しかし、それでは遂皇が人皇と同じ「九龍紀」に属することになる。したがって、孔穎達《くようだつ》や賈公彦《かこうげん》のように遂皇と人皇を同一視するしかない。

ところが、伏羲を第七番目の紀に属するとすると、獲麟に至るまでに、三紀（276,000×3＝828,000）の八十余万年を超える年数が経過していることになる。『春秋緯命暦序』が掲載する伏羲以降の古帝王の治世年代は、炎帝大庭氏（神農氏）が五二〇歳、黄帝軒轅《けんえん》氏が二五二〇歳、少昊《しょうこう》金天氏が五百歳、顓項高陽氏が三五〇歳、帝嚳高辛《こくこうしん》氏が四百歳とあり（『礼記』祭法正義所引）、はるかに少ない年数でしかない。

他書においても、たとえば、『易緯稽覧図』巻上には、

> 甲寅伏羲氏より無懐《むかい》氏に至ること、五万七八八二年、神農は五四〇年、黄帝は一五二〇年、少昊は

四百年、顓頊は五百年、帝嚳は三五〇年、堯は百年、舜は五十年、禹は四三一年、殷は四九六年、
周は八六七年、秦は五十年、已上六万三六一二年なり。

とあり、三紀はおろか一紀二七万六〇〇〇年にも達しない。『太平御覧』巻七八所引『遁甲開山経』注には、「女媧より無懐に至ること、十五代、合わせて一万七七八七歳なり」とある。伏羲から女媧の年数に、緯書がいくら鯖を読んだとしても追いつかない。

司馬貞は、「疎訖紀」を黄帝以来と推定する。『春秋緯命暦序』の前掲文によれば、その説も同じく成立しない。上記の年数を斟酌《しんしゃく》して伏羲以来と予想される。六朝時代の偽作とされる『列子』楊朱篇に、「太古より今日に至るまで、年数固り勝げて紀すべからず、但だ伏羲已来三十余万歳なり」とあり、一紀に近い伏羲以来の年数を想定することが傍証となる

伏羲を「疎訖紀」と仮定すると、燧人は六紀前の「合雒紀」、天地開闢から三紀を経過した時代になる。その年数は、『帝王世紀』の次の記述に符合する。

燧人氏没し、包犧氏之に代る。天皇自《よ》り燧皇に至ること、九十一代、一〇八万二七六〇年なり。

「合雒紀」について、『春秋緯命暦序』では「世民始めて穴処し、皮毛を衣る」と述べ、譙周《しょうしゅう》『古史考』ではその時代を燧人とする。また、呉の項竣《こうしゅん》『始学篇』では、大巣氏の教化により、人民が「穴処」から「巣居」に移行したとする。有巣氏と燧人とは、『韓非子』五蠹《ごと》篇に、「穴処し、皮毛衣る」という原始的な生活を送っていた上古において、有巣氏は「巣」を作り、燧人は「燧火」を使用することを発案し、文明生活への第一歩をスタートさせた古聖王としている。それらによると、「合雒紀」には、有

巣氏および燧人の治世であると推定される。

つまり、緯書暦の暦元十紀説は、人皇伏羲説から人皇を切り離して天地開闢の「九頭紀」に据え、それを暦元として獲麟にいたるまでを十紀に分割し、天皇とされた燧人を第四紀の「合雒紀」、伏羲を最後の第十紀の「流訖紀」に配当したことになる。

緯書暦は、開闢以来の古帝王を配属し、その治世期間や何代続いたかを明らかにして、その事績を論述するものであった。古来より語り継がれてきた古帝王伝説を、緯書暦によって年代を定めて系譜化したのである。暦の数理によって天地開闢以来の王朝交替の暦運を統括しようとする理念が存在する。緯書は、古帝王の神秘な人物像を描くことで、それを神格化したとされるが、同時に人類の歴史を悠久化した暦法にもとづく古帝王の年代記を作成することによって、神話、伝説を歴史に造り替えようとしたのである。

後漢の緯学とその展開

緯書編纂の目的には、王莽や光武帝が易姓革命、帝王受命を正当化するために活用した天が降した予言（符命、図讖）、聖人出現の瑞祥を成文化するところにあったと考えられる。ところが、その理論化には、天文暦数学や京氏易の数理思想を土台にして、先秦以来の五徳終始説、天人感応説から前漢末に流行した暦運説に至るまでの様々な言説を折衷的に取り込んだ。そして、緯書暦によって古帝王の年代記を作成することで、災異説から讖緯説へと変容した革命イデオロギーに仕立て上げた。しかも、易・書（「尚書中候」を含む）・詩・礼・楽・春秋の六経に孝経を加えた七経に対して孔子が注解を加えた「七緯」という形式を取り、さらに『論語』の讖書《しんしょ》、伏羲が作易の手本とした「河図《かと》」「洛書《らくしょ》」の書名を冠した讖書を付け加えた。

成書年代や編纂に関わった人物に関する情報は皆無であり、謎に包まれているが、経術と方術に跨がる幅の広い学識を有する複数の人物が関与しなければ成立しない。孔子に仮託したのであるから、秘密裡に行われたとしても不思議ではない。数少ない手がかりを探せば、『漢書』王莽伝に、各分野のエキスパートを徴集したという記録がある。元始五年（紀元五）に王莽は符命を得て「明堂・辟雍《へきよう》・霊台」を建立した。その時に、一芸に秀でており、十一人以上を教えた天下の学者、逸礼、古書、毛詩、周官、爾雅《じが》、天文、図讖《としん》、鍾律《しょうりつ》、月令《がつりょう》、兵法、史篇文字に通じた人物を召集したところ、参集した者が前後千人おり、天下の異能の士を網羅するほどであった。この時であると決めつけることはできないが、緯書を成立させるにふさわしいメンバーが揃っている。革命思想、神秘思想は国家権力に危険視されるから、符命、図讖が横行し、熱狂的な支持を集めた王莽、光武帝の動乱期でなければ、このような偽経の編纂は敢行されなかったように思われる。そのように考えると、漢代思想革命が生み出した特異空間を具現している。

後漢の時代には、経書とともにバイブル視され、国家の学問体制において、経学と並立して緯書を研究する緯学が立ち上がった。後漢の章帝の建初四年（紀元七九）十一月から数ヶ月間、白虎観《びゃっこかん》で学者が集まって経義の解釈の統一を図る討論集会を行った。その会議録である『白虎通義』（編者は班固）によると、経書とともに緯書が中心的な論拠に用いられており、その信奉ぶりが窺える。後漢末に、鄭玄が漢代経学を集大成するが、彼は緯書にも精通して注釈書を著し、経解釈に大いに活用した。したがって、後漢においては、予言と革命の数理思想のみならず、権威ある釈経書として経義を補完する役割を果たした。かくして、緯書という特異な典籍群を成立させて、漢代思想革命は完遂する。

後漢の滅亡以降には、緯学は次第に異端視されるようになる。国家転覆の論拠となる危険を孕《はら》んだ緯書は国家図書館に秘蔵され、禁書扱いになる。そのために、世俗に流布しなくなり、鄭玄の注釈書、『芸文類聚《げいもんるいじゅう》』等の類書の引用によって断片的にしか受け継がれず、易緯を除いて近世までに散逸してしまった。

しかしながら、緯書がもたらした予言と革命の古帝王興亡史は、自然探究の学問分野では先秦方術を中世術数学へと変容させ、歴史学の分野では古史ブームを巻き起こした。『隋書』経籍志に、数多くの術数書や古史、雑史が著録されているのは、緯書が中世社会にもたらしたものを反映させている。

術数学の研究の場は、官から再び民へと下る。漢代の暦運説について言えば、中世、近世において主導したのは、道教とその周辺であり、禁絶対象となった緯書に代わって太乙術という術数書が情報源となった。後漢末に宗教教団として組織化した道教が成立し、発展していく過程で、太乙神をはじめとする古代の神々が習合して祭壇に祀られた。先秦方術をルーツとする占術、呪法も宗教思想のベールを纏《まと》わされ、教理の言説に組み込まれていく。

漢という時代は、先秦諸子の思想を解体して新たな体系を構築し、古代から中世、近世へと学術思想を大転換させた。その結果、ポリス国家に開花した先秦諸子百家の自由で多様な思想空間は、経学を核とする儒家的な官学、教学体制に切り替わる。そのように考えれば、清末までの中国思想文化は漢代に学術的基盤を確立する。しかしながら、災異、讖緯、暦運、緯学などを流行らせた思想界の動向は、前後の時代とは隔絶した特異性を際立たせている。自然探究の学問とその応用術を複合する術数学の視座から眺めれば、むしろ漢代思想を例外として脇に置き、先秦と三国時代以降の関連性を探れば、漢代のフィルターを透過して綿々と伝えられた思想や技法が浮かび上がり、強い連続性を感じさせる。同様の傾向は、宋代の新儒学が興起する近世的な変革にも当てはまる。術数学の基礎理論である象数易で言えば、京氏易から邵雍《しょうよう》の唱えた先天易《せんてんえき》への移行である。術数書に展開された占術理論も外面的な装いはがらりと変わるが、根幹は中世と連続しており、先秦まで遡及できる数理が見出せる。そのような動向を視界に入れながら、術数学の中世、近世的な展開を明確にし、それを踏まえて中国における科学思想の歴史を素描するのは、今後の課題としておきたい。

附録 術数学研究を振り返って（参考文献）

1

術数学という学問領域は、中国学研究者の間でも認知度はまだ高くないが、私にとっては一九七七年に京都大学文学部の中国哲学史に学士入学してすぐに耳にした言葉であった。当時の研究室の先輩に中国科学思想史・術数学を研究する川原秀城氏がいたことが大きかったが、ゼミやコンパの席上において、川原氏が山口久和氏、木下鉄矢氏などの諸氏と熱のこもった学問談義を繰り広げるなかで飛び交った術語の一つである。その頃は木村英一氏に「術数学の概念とその地位」（『東洋の文化と社会』第一輯）という先駆的論文があるくらいで、学問的輪郭は曖昧模糊としていた。先秦から漢初に至る自然探究は「方術」という用語によって広く知られており、「術数」はどちらかというと軍師や遊説家が策謀をめぐらして敵を欺く「権謀術数」のイメージが浸透していた。

私は、電子工学科において板谷良平教授、八坂保能助手の指導のもと、卒業論文のテーマ（「ICRH（Ion Cyclotron Resonant Heating、イオン・サイクロトロン共鳴加熱）の研究」）として核融合炉内でのプラズマ加熱の実験とコンピュータ・シミュレーションに取り組んだ後、文学部中国哲学史専攻に学士入学した。最初から科学史を研究するつもりはなく、いきなり文献考証の深い森に連れ込まれてしまったが、数式だらけの無愛想な先端技術に辟易していた私には、科学思想の聖地に至る術数学という未踏の洞窟は、怪しげではあるが、かえって冒険心をそそられた。

漢籍目録を眺めれば、「術数書」と総称される一群の書物がある。経史子集の四部分類法では子部の術数類に収められるが、易占、天文占のほか、日選び・方位占などを行う様々な技法（太乙、六壬、遁甲、九宮、風角等）の占いから人相、夢占いまたは住居・墓・都市の吉凶を占う風水（堪輿《かんよ》）に至る雑多な占術書が中心である。それらは迷信、虚妄に振り回されていた前近代社会の非科学性を象徴しているかのように理解され、思想史、科学史のいずれにおいても研究の枠外に置かれていた。しかし、それらの数理的な基盤は科学書、思想書に展開された諸理論と共通し、しかも易占からの派生術と位置づけられている。易の象数を仲介して科学と占術が交叉する構図は、東洋に独自の景観を創り出している。雑多な寄せ集めであるがゆえに、多様な生き物を共生させうる雑木林の特性がそこにあるように思われた。

『四庫全書』の分類では、数学、天文暦法に関する著作を天文算法類として独立させ、術数書と分立する。ところが、それまでの図書目録では、天文占書は暦算書とともに術数類の筆頭に置かれ、科学と占術を峻別するわけではない。また、中国では算術は技芸の一つであって、西洋ほど重視されない。そのことから明らかなように、『四庫全書』の分類概念は西洋の学問観に影響されたものである。自然探究の学問は、経書、史書に比べて小技（些末な技芸）であり、今日的な意味合いの「科学書」は術数書に含まれる。

歴代の史書、随筆（筆記類）を眺めても、天文暦術や医術に長けた人物は占いの達人と同類項で括られている。当時の認識では、卓越した技能で誰も知り得ないことを予見し、難事を打開する奇蹟を巻き起こす術数のエキスパートが求められるサイエンティスト像だった。「数学」「象数」と「方伎」「方術」「術数」「数術」が類義語として混用されるのは、そのことを反映する。そのように考えると、術数学の対象を狭義の「術数書」に限定するのではなく、易を中核とする占術との複合領域として定義づけたほうがいいように思われる。その時空が、自然哲学、科学思想と呼びうる中国的パラダイムを発生させる概念装置になっている。そのことをはっきりと認識させたのは、黄宗羲《こうそうぎ》という明末清初を代表する思想家である。

黄宗羲に興味を抱くきっかけは、梁啓超《りょうけいちょう》の『清代学術概論――中国のルネッサンス』（小野和子、東洋文庫二四五、平凡社、一九七四）にある。朱子学、陽明学を中心とした宋明の学術が清朝考証学へと移行し、先秦から漢の学術を復興させる気運が高まる。その契機となった著作の一つとして黄宗羲の『易学象数論』が挙げられていたので、さっそく中文出版社で購入してパラパラと眺めてみたところ、章題からして梁啓超によって喚起されたイメージとはまったく異なる内容だった。

黄宗羲（一六一〇―一六九五）は、晩明の動乱期に明王朝の再興をめざして活動し、清朝になってから明の遺臣として仕官しなかったが、多くの弟子を輩出した明末清初を代表する思想家である。彼は、科挙の弊害を批判し、朱子学による経解釈の呪縛《じゅばく》から解き放って、経書の原旨に立ち戻る復古を唱え、清朝考証学の基礎を築いた。また、

『明夷待訪録《みんいたいほうろく》』では民本主義の立場から君主の専制政治を批判し、『明儒学案《みんじゅ》』では学術思想史という新たな分野を確立した。術数学の方面にも関心が強く、『易学象数論』のほか、授時暦、回回暦などの注釈書も著している。梁啓超は、『易学象数論』という著作が朱子学パラダイムに致命傷を負わせ、古代思想を復興させる中国的ルネサンスの推進力となったことを評価したのである。

『易学象数論』が注目されたのは、朱子学の数理的基盤となった河図洛書や邵雍の先天易の諸図の来源が由緒正しいものではなく、数理的にも欠陥があることを暴露したところにある。しかし、それだけではなく。古今の象数易の諸技法、さらには主要な術数書の占術の数理を略述し、その得失を議論する。それらはまさしく中国特有の「象数学」である。

黄宗羲は、『破邪論《はじゃ》』などにおいて、西洋の神学、哲学を痛烈に非難する。彼らのもたらした科学器機や暦法の技術的な側面は評価するが、形而上の理論は拙いものと批判的である。そして、中国の「象数学」は、西洋に劣っていないと自負する。その態度は、西学啓蒙を積極的に展開した方以智達にも共通しており、欧米型の近代社会建設を目指した一九世紀後半のように西学一辺倒になるわけではない。彼らの自信、自負心はいったいどこから来るのだろうか。大いに疑問に思われたが、その一つの答えが『易学象数論』にはっきりと示されている。

そこで、卒業論文で象数易の近世的展開において考察を試みたが、科学と占術の術数学的世界に足を踏み入れるには、それらの基礎理論から学ばなければ話にならないことが了解された。というわけで、古代に遡及し、修士論文では『算経十書』を取り上げたのをはじめとして、基礎理論書を読むことにした。ところが、基礎理論にしてはかなり厄介であり、しかも、『九章算術』『黄帝内経《だいけい》』の前身となる新出土資料が発掘されたので、ずいぶんと足止めを食った。

中国の科学思想や自然哲学に関して、一九八〇年代前半においては山田慶児、坂出祥伸両氏の研究に先駆的な論考を見出すことができるくらいで、通史と呼べるものはなかった。一九八〇年代後半から九〇年代になると、漢代の天文律暦学について堀池信夫氏の『漢魏思想史研究』（明治書院、一九八八）、川原秀城氏の『中国の科学思想――両漢天学考』（創文社、一九九六）、医学思想や道教の身体技法について石田秀実氏に『気・流れる身体』（平河出版社、一九八七）、『中国医学思想史——もう一つの医学』（東京大学出版会、一九九二）『こころとからだ——中国古代における身体の思想』（中国書店、一九九五）が刊行され、科学思想史研究の新風が吹くようになった。ただし、いずれも科学と占術の複合領域としての「術数学」を直接に言及するものではなく、黄宗羲が想起させた中国の科学思想、自然哲学は自力で描き出すしかなかった。中世、近世になると、さらに先行研究は乏しく苦戦しながらも定年近くになってようやく術数学のイメージトレーニングができて、東と西の科学の出会う明清期に辿りついたところである。

※以上のことに関して、以下の拙論がある。

・黄宗羲の図書先天の学批判——易学史の展開のなかで（『日本中国学会報』三七、一九八五）

・明末清初の西学啓蒙と象数学（堀池信夫編『知のユーラシア』所収、明治書院、二〇一一）

2

本書の考察は、先秦の方術（＝自然探究の学問）が漢代思想革命を経て術数学へと変容する過程を議論したものである。主要な部分は大学院から文学部助手を経て一九九〇年代前半に信州大学教育学部にいた頃までに行った研究を再構成したものである。当時を振り返ると、研究の契機になったのは、一九八三年四月に博士後期課程に進学した時、術数学パラダイムとはいったい何か、それを探るために、京氏易や易緯の読解に取り組んだことにある。漢代においては、儒家を中心に政治思想の転換期であったが、京氏易に代表される象数易や緯書が天文暦術と結合することが大きな役割を果たし、同時に先秦方術を変容させて中世術数学を発進させた。

京氏易や緯書の内容はかなり難解で、そこに繰り広げられる言説から数理思想を汲み出すのは容易ではない。しかし、象数易の諸技法には、鈴木由次郎『漢易研究』（明徳出版社、一九六三、増訂改訂版、一九六四）、小沢文四郎『漢代易学の研究』（明徳印刷出版社、一九七〇）、高懐民『両漢易学史』（中国学術著作奨助委員会、一九七〇）、今井宇三郎『宋代易学の研究』（明治図書出版、一九五八）などの専著がある。一方、緯書には、安居香山・中村璋八両氏によって資料の蒐集、整理や基礎的研究が総合的になされている。漢代思想や易学の歴史については見通しがよく、数多くの研究書がある。

※象数易の技法については、今井宇三郎氏の『新釈漢文大系 23-24 易経』（明治書院、一九八七）が詳しい。そのような専門書でなくても、朝日文庫（本田済訳）、角川ソフィア文庫（三浦國雄訳）などの翻訳書の解説もしくはWeb情報を参照するのが簡便である。また、緯書に関しては、安居香山氏の『緯書と中国の神秘思想』（平河出版社、一九八八）にわかりやすく概説されている。

ところが、『易学象数論』が言及する数理的な側面は、多くの論考は避けて通っている。とりわけ問題だったのは、漢代に盛行した天文暦数学がどのようなものであるのか、まったくわからない。古代の暦法に関しては、新城新蔵、能田忠亮、飯島忠夫といった中国天文学史の大家をはじめ戦前からすぐれた研究がある。しかし、太初暦やそれ以前の古暦（古四分暦）には不明な点が多く、天文暦法の数理的な発展は『漢書』律暦志に記載された三統暦を出発点として語られていた。漢代の暦運説や緯書の暦術を解析すると、古四分暦の影響が強く感じられる。とりわけ、秦から漢初まで施行された顓頊暦の存在が大きいように思われるが、『淮南子』天文訓、『史記』天官書、暦書の記載がかなり不確かである。唐代の『開元占経』に集録された論述は、さらに当てにできない。その史料的な疑問をすっきり解いてくれたのは、馬王堆漢墓から出土した『五星占』『天文気象雑占』である。

一九七二年一月に開始された馬王堆一号漢墓の発掘調査は、七月に発掘の簡報に刊行され、日本でも大ニュースになった。その話題の中心は、墓主の「軑侯《たいこう》夫人」（利蒼の妻、辛追）のミイラ化した女性屍《し》体がほぼ完全な姿で発見されたことにあった。その二年後、馬王堆三号漢墓から多数の典籍が発掘され、さらに学界を揺るがした。天文書、医薬書、養生書は、黎明期の科学文化の存在を明らかにし、中国科学の起源に関する定説を覆すほどの衝撃的な大発見だった。

一九七〇年代中頃に馬王堆漢墓出土資料の釈文が『文物』『考古』等に発表されると、研究者はこぞって読解に取り組みはじめた。どこよりも早く共同研究プロジェクトを立ち上げたのは、京都大学人文科学研究所の共同研究班である。林巳奈夫氏を班長とする中国考古学研究会（「先秦時代文物の研究」班）では、班長が欧州に出張した一九七七年四月より翌年七月まで『周礼』の会読を一時中止し、新出土資料に関する研究発表を行った。一九七七年五月十七日には上山俊平氏が『考古』一九七六年第四期に発表された汪生寧《おうせいねい》の論文「八卦起源」、吉田光邦氏が『文物』一九七四年第十一期に発表された劉雲友の論文「中国天文史上的一個重要発現――馬王堆漢墓帛書中的《五星占》」について、内容を紹介している。その後、一九八〇年四月より新たに「中国戦国時代出土文物の研究」班を立ち上げ、『周礼』と『睡虎地《すいこち》秦簡』秦律、法律答問の会読を交互に行うことになった。期間は一九八三年三月まで三年間であり、研究成果は『戦国時代出土文物の研究』（京都大学人文科学研究所、一九八五）や『古史春秋』一－六号（朋友書店、一九八四－一九九〇）にまとめられている。

　山田慶児氏が主宰する科学史研究会では、一九七七年四月より四年間、「新発現中国科学史資料の研究」班を組織した。実のところ、一九七六年の秋に「武威医簡」の会読をすでにスタートさせ、その読解を終えていた。その研究成果として、赤堀昭氏が「武威漢代医簡について」という論文を『東方学報』京都第五〇冊（一九七八年二月）に発表している。研究班では、馬王堆医書の読解に取り組み、その後に天文書、養生書に及んだ。

　赤堀昭氏は、班員のなかで医薬学の専門家として中心的な役割を果たした。本氏は、東京大学医学部を卒業後に大阪大学薬学部に再入学し、卒業後、一九五四年より塩野義製薬株式会社研究所に勤務し、岡西為人氏の後継者として本草学、漢方薬研究に従事した。馬王堆医書については、『東方学報』京都第五三冊（一九八一年三月）に「「陰陽十一脈灸経」の研究」を掲載したほか、『日本医史学雑誌』などの学術雑誌に多くの論文を発表するなど、精力的な活動を繰り広げた。一九八〇年代前半の出土医書研究を主導したリーダー格だった。

※天文学史、医学史上の意義は、藪内清氏がいち早く情報をキャッチして考察を試み、一九八二年二月に刊行した『科学史からみた中国文明』第二部（NHKブックス、第一部はNHK教育テレビ大学講座のテキスト「中国科学技術史」を再録したもの）で簡潔に論述している。

科学史研究会は、一九八二年四月から五年間は「中国古代の科学」班に名称を改め、『黄帝内経太素』『開元占経』を会読しながら、馬王堆医書や『医心方』に関する研究発表を行った。私が研究班に出入りするようになったのは、博士後期課程に進学した一九八三年四月のことであり、新出土資料の読解には参加していないが、訳稿の整理作業をしているところで、同志社大学の宮島一彦氏が担当していた『天文気象雑占』を手伝うことになった。整理といっても読み直しに近く、下案を作り直して宮島氏がチェックするマンツーマンの演習ゼミだった。

科学史研究会の成果は、『新発現中国科学史資料の研究』訳注篇、論考篇の二冊にまとめられ、京都大学人文科学研究所から刊行された（一九八五）。訳註篇に取り上げられた資料は、天文書では『五星占』、『天文気象雑占』、医薬書、養生書では『足臂《そくひ》十一脈灸経』、『陰陽十一脈灸経』、『脈法』、『陰陽脈死候』、『五十二病方』、『却穀《きゃくこく》食気篇』、『養生方』（後に十問、合陰陽、雑禁方、天下至道談と改名）の馬王堆医書に加えて、武威漢代医簡、流沙墜《つい》簡と居延《きょえん》漢簡の医方簡、龍門石窟薬方碑文にも及んでおり、先駆けの研究として大きな意義を有していた。ところが、大きな問題があった。それは、一九八五年に文物出版社から出された『馬王堆漢墓帛書（肆）』よりも以前に公表された釈文や図版に依拠していることである。また、研究会に古代文字の専門家が加わっていないことも、残念なことであった。図版を用いて釈文をチェックすると、文字の同定に誤りがかなりあるからである。

その後、一九八七年四月から新たに三年間の「中国古代科学文献研究」班を立ち上げ、これまであまり取り上げられてこなかった諸種の文献の検討を行った。その対象には、新たに公表された馬王堆医書（『雑療方』『胎産書』『養生方』など）、張家山医書（『脈書』）が含まれていた。そして、訳註篇の補遺版の作成を計画したが、実現しなかった。その要因は、班長の山田慶兒氏が一九九〇年に国際日本文化研究センターに移籍し、作業が大幅に遅れたためである。実際には、訳注整理の分担者から提出された草稿に山田班長がチェックした修正稿は、ほとんど揃っていた。ところが、出版の準備中に、馬継興氏の『馬王堆古医書考釈』（湖南科学技術出版社、一九九二）が公刊された。考察は重なり合うところが多く、すぐれた校勘がなされているので、見切り発車して前回の轍を踏むわけにはいかず、再検討を余儀なくされた。そこで、周一謀《しゅういつぼう》・肖佐桃《しょうさとう》両氏の『馬王堆医書考注』（天津科学技術出版社、一九八八）、魏啓鵬《ぎけいほう》・胡翔驊《こしょうか》両氏の『馬王堆漢墓医書校釈』（成都出版社、一九九二）も加えて参照しながら、もう一度原稿に手を入れることになった。

再チェック作業において、私は『養生方』の整理を担当した。一九九〇年から五年間、京都大学を離れて信州大学に転出していたが、人文科学研究所に助教授として戻ってきた時に、再チェックした草稿は未定稿のままに科学史研究室に保管されていた。それらは、原稿用紙に記された手書き原稿だったので、すべてをワープロ入力しながら再読し、一応の完成はみたものの、発表の時機を失ってしまった。また、『黄帝内経太素』についても、櫻井謙介氏によって発表時の訳稿が全巻ファイルに綴じられていた。これについては、四国医療専門学校の松木宣嘉氏の研究グループの協力を得て、現在、電子テキスト化しているところである。今後に、京都大学附属図書館のリポジトリに登録してＰＤＦで公開したいと考えている。

訳注が発表済みの『五星占』や医書、養生書については、信州大学にいた時に単独で再検討し、占術書の読解も試みた。科学史研究班の成果報告として、最初に書いた論文は、「緯書暦法考——前漢末の経学と科学の交流」である（山田慶児編『中国古代科学史論』所収、京都大学人文科学研究所、一九八九）。この時点では、まだ『五星占』の読解に着手しておらず、顓頊暦は新城新蔵氏以下の研究に立脚している。そこで、『五星占』によって顓頊暦の惑星運動論を復元し、暦運説についても再検討を行った。それらは、本書の第二部第二章で要約的にまとめてある。ややこしい数理的考察は省略してあるので、以下の論文を参照してもらえればと思う。また、京都に戻ってきてから、秦漢の暦運説や科学思想に関しても、いくつかの小論を発表した。本書の議論に関係する論文リストを掲げておく。

・損益の道、持満の道——前漢における易の台頭、『中国思想史研究』一九、一九九六
・灸経から針経へ——黎明期の中国医学とその史的展開、田中淡編『中国技術史の研究』、京都大学人文科学研究所、一九九八
・『易緯乾鑿度』の易説、『日本中国学会創立五十年記念論文集』、汲古書院、一九九八
・物類相感をめぐる中国的類推思考『中国21』一五、二〇〇三

・王充の性命論と科学知識『坂出祥伸先生退休記念論集　中国思想における身体・自然・信仰』、東方書店、二〇〇四
・精誠の哲学『中国学の十字路　加地伸行博士古稀記念論集』、研文出版、二〇〇六
・The Formation of the Study of Shushu 術数 and its Development in the Middle Ages: A Tentative Study of a Field of Scientific Study Peculiar to East Asia, "HISTORIA SCIENTIARUM", Vol.17-3, 2008
・太白行度考――中国古代の惑星運動論（一）、『東方学報』京都八五、二〇一〇
・五星会聚説の数理的考察（上）（下）――秦漢における天文暦術の一側面、『中国思想史研究』三一・三二、二〇一〇・一一
・刑徳遊行の占術理論、『日本中国学会報』六三、二〇一一
・天の時、地の利を推す兵法――兵陰陽の占術理論、『中国思想史研究』三四、二〇一三

考察を行った年代と発表年が大きくずれており、公表するのに少し長い年月がかかっているのは、生来の怠け癖のせいであるが、発掘された資料がなかなか公開されず、ずっと待たされたことにも一因がある。一九八四年に江陵張家山前漢墓から出土した『算数書』は、『九章算術』以前に遡る古算書であるが、釈文が『文物』に公表されたのが二〇〇〇年九月、図版を含む全貌が出版されたのが二〇〇二年一月であった。『算数書』発見の大ニュースが飛び込んできたのは、中国数学の基礎理論の形成をまとめた修士論文を提出した一年後、『九章算術』の部分を中国哲学史研究室の機関誌『中国思想史研究』に投稿したばかりであった。おそらく全面的な書き直しを余儀なくされそうだから、その内容が明らかになるまでは数学史研究は棚上げにしようと割り切って、別の研究に迂回することにした。趣味として伝統数学の難問を解くのはとても面白いから、釈文がすぐに公表されていたら、和算の世界に深入りして「もう一つの数学」を目的地にすることはなかったかもしれない。

　馬王堆漢墓に関しても、陰陽五行説に関するいくつかの典籍が未公表のままであり、発見から四十年後の二〇一四

年六月に『長沙馬王堆漢墓簡帛集成』全七冊が中華書局から刊行され、その全容がようやく明らかになった。しかしながら、そのような待ちぼうけの空白期間がかえって術数学研究を深化させたことは言うまでもない。

一九九〇年後半以降、今に至るまでに、新たな古算書、古医書が発見され、さらに再考を促す事態になった。ところが、それ以上に予想外だったのは、各地から続々と出てきて様々な占術書である。それらは、中世、近世の科学書、術数書に展開されたアイデアが古代まで遡ることを明示し、古代人の自然探究に対して私が思い描いたストーリーに修正を迫った。そこには、中国的な数理思考を発揮する場が存在しており、黄宗羲が象数易や占術の技法に夢中になる理由がようやく了解された。

本書では、この十五年くらいの新出土資料の検討によってそれ以前の考察を見直している。まだ十分に吟味できておらず少し読みにくいかもしれないが、中国の思想と科学の大きな研究課題を提示しようと試みたためであるので、ご寛恕いただきたい。

※新出土資料の概要については、『地下からの贈り物——新出土資料が語るいにしえの中国』(中国出土資料学会編、東方選書四六、二〇一四)、日書については『占いと中国古代の社会——発掘された古文献が語る』(工藤元男著、東方選書四二、二〇一一)、『戦国秦漢出土術数文献の基礎的研究』(大野裕司著、北海道大学大学院文学研究科研究叢書二七、二〇一四)を参照してもらいたい。なお、馬王堆漢墓からの出土典籍に関しては、二〇〇六年以降、東方書店より馬王堆出土文献訳注叢書のシリーズが刊行中である。

3

陰陽五行説、天人感応説は、これまで漢代の政治思想を中心に議論されてきた。しかし、新出土資料は、科学、占術と思想、宗教の複合領域において術数学的アプローチによる多角的、複眼的な見方が必要であることを言い立てている。とりわけ、中世、近世の術数書に展開されている言説からの遡及的考察が有効である。そこで、二〇〇四年四月より人文科学研究所の共同研究班として術数学研究会を組織し、古参の科学史研究会メンバーに加えて、中国哲学、道教、仏教や音韻学など陰陽五行説に関心のある多分野の専門家にも参加を呼びかけ、「陰陽五行のサイエンス」班を組織した。会読のテキストには、蕭吉《しょうきつ》撰『五行大義』と丹波康頼《たんばやすより》撰『医心方』を選定した。いずれも、隋唐までの主要な論説を集録しており、近世までに失われた佚書、佚文を数多く残存させている。

二〇〇〇年代になると、陳松長《ちんしょうちょう》、劉楽賢《りゅうがくけん》、胡文輝《こぶんき》等々の出土学者が馬王堆漢墓帛書『刑徳』や日書を詳しく研究した専著が刊行され（『馬王堆帛書：《刑徳》研究論稿』『簡帛数術文献探論』『中国早期方術与文献叢考』など）、古代の占術（方術、数術、術数）にスポットが当たった。特に、陰陽五行説の起源に関しては、新出土資料によって先秦に遡ることが判明し、その形成過程について具体的な様相を探る多くの手がかりがはっきりと示された。それらによると、陰陽五行説は、五行の相克、相生の相互関係だけが強調されているが、実際には当初よりもっと様々な組み合わせが想定されていた。『五行大義』には、多種多様な技法が類別的に説明されている。したがって、簡牘《かんとく》学研究のように古代に限定せず、中世、近世の術数書との連続性を探れば、科学理論としての陰陽五行説が浮かび上がるにちがいない。会読の主眼は、そこにあった。

研究会発足の当初は、班員の間でも「術数学」というコンセプトは馴染みのないものであったかもしれない。私自身は、科学と占術の複合領域として幅広く術数学を定義づけ、東アジア伝統科学文化を構造的に把握しようとしたが、思想、宗教、技芸と自然学が交叉する領域であり、説明原理や体系的整理に陰陽五行説、天人感応説のメカニズムを活用しないものはないと言っていい。中村璋八氏と一緒に明治出版から『五行大義』の現代語訳を出している大正大学の清水浩子、国際基督教大学の古藤友子両女史にも来てもらって、『五行大義』の読解を進めていくうちに、班員の研究テーマとの関連性が見えてきて次第に盛り上がった。

個人的には、二〇〇七年頃から中国科学史、思想史の研究において術数学という研究アプローチの目的や意義について、日本科学史学会、日本道教学会、中国出土資料学会などで提言したり、日本科学史学会欧文誌に小論をまとめて掲載したり、術数学のメジャーデビューを試みた。また、共同研究の成果として、班員による論文集『陰陽五行のサイエンス　思想編』（武田時昌編著、京都大学人文科学研究所、二〇一一）を刊行した。

二〇一〇年四月より三年間は「術数学――中国の科学と占術」というテーマを掲げ、術数学研究会にグレードアップして共同研究を続行した。その頃になると、「術数」に関心を抱く若者が何人か研究会に出入りするようになった。そのメンバーには、北海道大学の大野裕司氏、東北大学の佐々木勉氏など遠方の大学院生も含まれていた。その後、彼らは術数学研究会の主力メンバーに成長し、国内外にある「術数文献」の調査を積極的に繰り広げている。また、二〇一一年の秋に「東アジア術数学研究会」という若手術数研究者による共同研究プロジェクトを独自に立ち上げ、スカイプを活用したWeb上の研究会を開催し、ブログやツイッターを通して活発な情報発信を繰り広げるに至っている（HPには「京都大学人文科学研究所術数研究班とは別組織です」と明言されている）。今日において、「術数」「術数文献」という言葉を巷に流通させているのは、むしろ彼らのほうかもしれず、頼もしい限りである。

国外においては、上海交通大学、ソウル大学などの科学史研究の拠点で術数学をテーマとする講演を行い、同様のアピールを行ったが、日本国内よりもずっと反響が大きかった。ただし、中国と韓国では、視点が少し異なっていた。中国では、伝統科学、伝統医学に対する「迷信」批判にとてもナーバスであったが、伝統科学を文化複合体として構造的に把握するという側面には強い関心を示した。科学技術の発展史から距離をおいて、社会的、文化的な方面を研究するための方法論を模索しているのは、欧米の科学史研究者にも共通しており、新世代の若い人々から多くの賛意が得られた。また、伝統医療の多様性を考えるうえで、診断学や身体技法、精神療法をめぐって医術と占術の境界領域に関心を示す中医学者も少なくなかった。その多くは、日本にこれまで来たことがない世代であったので、特別講師に招聘して新たな研究交流を開始する契機となった。

一方、韓国では、風水術、天文占、四柱推命、呪術療法などを視界に入れた科学史、思想史の研究者がおり、術数学学会を発足させ、我々との交流を申し出てきた。そこで、二〇一一年八月の術数学研究会に、学会代表の李東哲氏（龍仁大学教授）を招いて特別講演（演題「韓国における術数学研究の現況と展望」）を企画し、翌年二月に主要メンバー六名を招聘して、日韓術数学ワークショップ二〇一二（総合テーマ「東アジア術数学研究の現状と課題」）を開催した。さらに、二〇一三年九月には、我々研究会のメンバーがソウルに乗り込み、日韓術数学シンポジウム（総合テーマ「東アジアにおける術数学への多角的アプローチ」）を円光デジタル大学ソウル分館にて挙行した。この日韓合同の国際会議は、二〇〇〇年頃から術数書の研究プロジェクトを推進する三浦國雄氏（大阪市立大学名誉教授、当時は大東文化大学教授、現在は四川大学教授）の研究グループとも合流したイベントであり、術数学研究の一つのメルクマークとなった。

　また、共催イベントの間である二〇一二年六月には、ソウル大学科学史研究室の金永植教授を中心とする研究グループと術数学研究会のメンバーがソウル大学奎章閣に集まって「東アジアの科学と宗教」国際ワークショップを行い、その報告書を日韓の二カ国語で刊行した。日本語版のタイトルは『術数学の射程――東アジア世界の「知」の伝統』（武田時昌編、京都大学人文科学研究所、二〇一四）である。書名に「術数」を冠したものは、辛賢女史の『漢易術数論研究：馬王堆から『太玄』まで』（汲古書院、二〇〇二）がある。また、術数学研究会のお目付役である坂出祥伸氏に『「気」と道教・方術の世界』（角川書店、一九九六）、『道家・道教の思想とその方術の研究』（汲古書院、二〇〇九）、三浦國雄氏に『術の思想：医・長生・呪・交霊・風水』（風響社、二〇一三）がある。しかし、科学を含めた「術数学」を提示した研究書は、おそらく初めてではないかと思われる。

　その後、二〇一五年五月に東方学会の第六〇回国際東方学者会議のシンポジウムの一つに、東京大学名誉教授の池田知久氏が企画した術数シンポジウム（総合テーマ「中国古代における術数と思想」）が開催された。発表者は、北京大学の李零、東京大学の川原秀城、早稲田大学の工藤元男の三氏に加え、近藤浩之（北海道大学准教授）、水口拓寿（武蔵大学教授）、平沢歩（早稲田大学非常勤講師）といった東京大学中国哲学研究室の出身者で、総合討論の司会は池田氏と私が務めた。そして、発表者と私による論文集『中国伝統社会における術数と思想』（池田知久・水口拓寿編、汲古書院、二〇一六）が刊行され、翌年に東方学会の欧文誌「*ACTA ASIATICA*」に英訳版も出た。執筆者それぞれで「術数」の捉え方は異なっているが、中国思想史研究において術数学の市民権が得られたように思われる。

　なお本書の本論を脱稿後に川原秀城氏の『数と易の中国思想史――術数学とは何か』（勉誠出版、二〇一八）が出版された。まだ読んでいないが、術数学とは何かについて、術数学研究の第一人者の模範解答が示されているにちがいない。また、平成三〇年度科研費出版助成採択リストに研究会の班員である高橋（旧姓：前原）あやの氏の『張衡の天文学思想』が載っている（汲古書院刊行予定）。同じく班員の新刊書に、大野裕司氏の『戦国秦漢出土術数文献の基礎的研究』（北海道大学出版会、二〇一四）、水野杏紀氏の『易、風水、暦、養生、処世――東アジアの宇宙観（コスモロジー）』（講談社選書メチエ、二〇一六）、佐々木聡氏の『復元白沢図――古代中国の妖怪と辟邪文化』（白澤社発行／現代書館、二〇一七）などがある。術数学研究会と連携している研究グループ、水口幹記《もとき》（藤女子大学准教授）の「天地瑞祥志研究会」、近藤浩之（北海道大学教授）及び水上雅晴（中央大学教授）の革命勘文研究会も近刊書を準備中である。そのような「術数」をめぐる著作が増殖している。本書が術数空間を探索する一助となれば幸いである。

結びにかえて

生きる知恵としてのサイエンス

術数学という研究アプローチは、自然科学の諸分野と占術を含む技芸とのあいだに明確な境界線を引かず、相互に作用し合う文化複合体として捉えることで、東アジアの伝統社会に根ざした科学文化の構造的把握を試みようとするものである。そして、当時の自然哲学や宗教思想との関連性を明確にして、社会や人々にどのような「知」の枠組みや行動原理を提供したかを探ろうとするものである。つまり、「生きるための知恵」というサイエンスの原義に立ち返って、東アジア世界の人々に伝統科学文化がどのような概念装置として機能したのかについて、総合的な立場から多角的、複眼的に考究することを、研究の主眼としているのである。自然探究の学問が思想、宗教、技芸、占術とのコンタクトゾーンにおける複合的な文化接触を考えるならば、科学史、思想史の研究であまり取り上げてこなかった言説や出来事が視界に入ってくる。

漢代で言えば、太初暦、三統暦から四分暦へと高度化する惑星運動論よりは、顓頊暦や前漢六暦の古四分暦によってもたらされた暦元説、五星会聚説や終末論のほうが漢代思想革命の理論源となって大きな作用を発揮した。また、異端視される易学の京房、斉詩学の翼奉や彼らから派生する緯書は、終末論や易姓革命に数理的基盤を提供しており、儒家思想を逸脱して当時の社会に巻き起こした思想的影響力は大きなものがあった。しかも、中世以降において、政治思想としては衰微するが、術数書に受け継がれ、道教文化の周辺において別の形で中国社会の基層を形成する。

陰陽五行説、天人感応説の初源的な言説に遡及的な考察を行うと、陰陽説、五行説ともに通説とは異なる組み合わせが見出され、多元的な要素の二元論、五行六気説などの多彩な言説が唱えられ、占術理論に応用されていた。漢代以降には、陰陽と五行によって単一化、画一化されてしまう。しかしながら、医学理論や養生思想のなかに受け継がれ、暦注の諸神などの世俗に流布した占術に用いられ続けるものが数多く存在していた。また、『呂氏春秋』『淮南子』に詳しく議論されている物類相感説や精誠の哲学は、初源的な天人感応説としてユニークな類推思考を発揮しており、後世の自然哲学の素型となった。そのように、陰陽五行を用いた理論的な形成は、漢代に始まると見なされていたが、漢初までに基礎となる骨子はほぼ完成されていたことが判明した。そして、それが政治思想の表舞台に担ぎ出され、広く認知されていく過程で、漢代思想革命を引き起こし、それと連動して天文暦術や鍼灸医術の理論体系化が図られたのであった。

そのような考察を可能にしたのは、一九七〇年代以降に発掘された竹簡、帛書や文物である。術数学の中世、近世的展開は、本書では言及する暇はなかったが、具体的様相を探るための貴重な資料群が日本に伝存する。陰陽道のバイブルとなった『五行大義《ごぎょうたいぎ》』『大唐陰陽書《いんようしょ》』『新撰陰陽書』や日本人の撰述からなる陰陽道関連書、唐以前の医薬関連の典籍を集成した『医心方《いしんぽう》』などには、中世から近世にかけての術数学を考究するうえで有益な情報が満載されている。また、中世、近世の陰陽道や易占などの日本的展開もユニークな側面を有するが、それらの考察結果を論述するのは別稿に期したい。

予知、予見と詭俗のあいだ

科学と占術の複合体という言い方は、科学と占術の未分化を錯覚させるかもしれない。しかしながら、伝統社会の知識人が、純粋な自然探求を志す学問を、いい加減な言説で大衆を惑わす詐術と混同していたわけではない。真と偽、聖と俗の区別は、近代科学だけの専売特許ではなく、古代からずっと学問の研究姿勢とその弊害をめぐって議論されてきたものである。

儒家の経典である六経において、学問には得失の両面があると考え、聖なる教えがもたらす徳目とともに学んで陥りやすい弊害があることを明示し、俗亜な悪習に染まらないことを諭している（『礼記』経解）。術数学に対しては、六経の学問（経学）に比して卑俗で矮小な方技にすぎないと見なされているが、まったく学問的な価値がないとはしない。例えば、『史記』太史公自序に引く司馬談の六家要指に、陰陽の術には「大祥《たいしょう》がある一方で忌諱《きい》も数多くあり、人々を拘束して畏怖《いふ》させる」とし、星占、択日、方位占などが吉凶禍福を定めることによって、禁忌や束縛を生じさせ、人心を惑わせている弊害はあるが、四時の巡りに即して国家の年中行事を規定する役割を担っていることは評価できるとする。また、『後漢書』方術伝は、諸占、医術、神仙の方面で異彩を放つ人物を集録しているが、その総論では、司馬遷の言として司馬談の批評を引用し、さらに『礼記』経解の六経得失論と対比させた形で、術数の弊害は「詭俗《きぞく》」（民衆を惑わし、世の風俗を乱す）にあるとする。そして、数理を究明して将来の変化を察知し、かつ詭俗の弊害に陥らないことが術数を深く学ぶ者のあるべき姿であると述べる。

「数を極めて変を知る」という数術は、未来予知の超能力や魔術を連想させるかもしれないが、統治術で最大の眼目が微かな萌しを察知して世の変動をいち早く予見し、来るべき事態に適切な方策を立てることにある。その洞察力を有するのが「聖」の徳であり、エキスパートが聖人である。だから、根拠ある予測と適切な処置が、有益な学問に要求された必須条件であった。つまり、自然と人倫に横たわる数理を追究する術数学は、いい加減な方術で詐欺まがいの行為を繰り広げることを無条件で是認していたわけではなく、未来を読み解くためのサイエンスを強く志向していたのである。だからこそ、自然学は占術と雑居し、緩やかな連携を図ってきたのである。

学問にも、聖学と俗学があるように、科学にも、占術にも、宗教にも、聖と俗の両者が並立するということである。社会的有用性を追求すれば、予見と詭俗のどちらにも転がる運命にある。未来の世の中を変える深い洞察となるか、現世に危害をもたらす詐術となるかは、「学問」か「術数」かの「知」のあり方にあるのではなく、運用する人間次第である。荘子に言わせれば、世の中には善人が少なく、悪人が多いのであるが、それでは困った事態になってしまう。

今日では、未来の予知、予測ということを強調しないだけで、科学技術に求められる役割は同じである。確実性を高める方法論と技術を確立するとともに、物質的な解析法で扱えない事柄を切り捨てているだけのことである。そのために、自然学の聖域は強固なものになったが、研究目的が矮小化され、社会や文化をめぐる思索を放棄したために、学問全体の社会的影響力は激減した。来るべき未来の変動を見抜いて正しい方向に導くことが、サイエンスの知見に求められているのに、思想性を失った先端技術が社会構造を節操なく変革させていく張本人であり、数理的な自省を放棄しているようでは話にならない。

一方では、近代科学の合理主義によって、呪術や占いが人々を欺いた神秘なベールは剥ぎ取られ、学問の世界から駆逐されたものの、社会生活において迷信的要素が皆無になったわけではない。それどころか、テレビ、ラジオで毎朝にお手軽な占いを放映しているし、薄っぺらな暦注本がどの町の本屋にも置いてある。迷信とわかっていても愛好されるのは、人を惹きつける何らかの旨味があり、享受する側も付き合い方がわかって楽しんでいるからであろう。占いに拘泥しすぎる愚かさを認識しながらも、娯楽として愛好する庶民のニーズとその社会現象に対する知識人の考え方は、今も昔もさほど変わっていないのである。だから、予知と詭俗のあいだを往来する術数学の得失論は、現代科学への評語にも当てはまる。

科学的であることを悪用したり、神秘力やミラクルを謳ったりする偽善的言説が根絶したのであれば、近代の学者の手厳しい迷信批判が功を奏したことになる。しかしながら、依然として横行しており、しかも科学と占術が切り離されている分だけ、策略を巡らした権謀術数の悪巧みになっている。やはり科学技術の周辺に通俗的な詐術が寄生し、雑居している状況は今でも継続していると言っていいだろう。科学技術が猛スピードで暴走することに制御を失い、しかも古代人が知ったら呆れるようなデタラメな占術や健康産業が横行していることも直視しようとしないのは、まさに甚だしい「詭俗」の弊害と言うべきである。

＊　＊　＊　＊　＊　＊　＊　＊

人文科学研究所で主宰した科学史研究会（術数学研究会、伝統医療文化研究会）の班員、オブザーバー及び特別講師として講演いただいた諸氏には、謝意を表する。

この人文研叢書は、臨川書店編集部の工藤健太氏が伝統医療文化研究会にひょっこり顔を出し、終了後に雑談を交わしたところからスタートする。その後、当時の東方学研究部主任の冨谷至氏を交えて、本叢書の企画が本格化するとともに、かねてからの念願であった藪内清博士の著作選集の刊行も実現した。それから約三年半しか経ていないにもかかわらず、両者ともにすでに数冊が出版され、誠に喜ばしい限りである。二つのシリーズ企画および本書の編集は、ひとえに工藤健太氏のお蔭であり、多大なご尽力を賜ったことをここに心より感謝申し上げる。

た、な行

は、ま行

や、ら、わ行

ま、や、ら行

書 名 索 引

あ行

か行

さ行

索　　引

人名索引

あ、か行

さ行

た、は行

武田時昌（タケダ　トキマサ）
1954年大阪府生まれ。京都大学工学部卒業、文学研究科博士課程中退。文学部助手、信州大学助教授を経て、現在は京都大学人文科学研究所教授。専門は中国科学思想史。
編著に『術数学の射程　東アジアの「知」の伝統』（京都大学人文科学研究所、2014）、『陰陽五行のサイエンス』（京都大学人文科学研究所、2011）などがある。

京大人文研東方学叢書 5
術数学の思考
交叉する科学と占術

平成三十年十月三十一日　初版発行
令和二年八月三十日　第二刷発行

著者　武田時昌
発行者　片岡敦
製本印刷　尼崎印刷株式会社

発行所　606-8204 京都市左京区田中下柳町八番地
株式会社 臨川書店
電話（〇七五）七二一-七一一一
郵便振替　〇一〇七〇-二-八〇〇

落丁本・乱丁本はお取替えいたします
定価はカバーに表示してあります

ISBN 978-4-653-04375-1　C0322

[ISBN 978-4-653-04370-6　セット]

京大人文研東方学叢書　刊行にあたって

第一期世話人　冨谷　至

京都大学人文科学研究所、通称「人文研」は、現在東方学研究部と人文学研究部の二部から成り立っている。前者の東方学研究部は、一九二九年、外務省のもとで中国文化研究の機関として発足した東方文化学院として始まり、東方文化研究所と改名した後、一九四九年に京都大学の附属研究所としての人文科学研究所東方部になり今日に至っている。

第二次世界大戦をはさんでの九十年間、北白川のスパニッシュロマネスクの建物を拠点として東方部は、たゆまず着実に東方学の研究をすすめてきた。いうところの東方学とは、中国学(シノロジー)、つまり前近代中国の思想、文学、歴史、芸術、考古などであり、人文研を中心としたこの学問は、「京都の中国学」、「京都学派」と呼ばれてきたのである。今日では、中国のみならず、西アジア、朝鮮、インドなども研究対象として、総勢三十人の研究者を擁し、東方学の共同利用・共同研究拠点としての役割を果たしている。

東方学研究部には、国の内外から多くの研究者が集まり共同研究と個人研究をすすめ、これまで数多くの研究成果を発表してきた。ＺＩＮＢＵＮの名は、世界のシノロジストの知るところであり、本場中国・台湾の研究者が東方部にきて研究をおこなうということは、まさに人文研東方部が世界のトップクラスに位置することを物語っているのだ、と我々は自負している。

夜郎自大という四字熟語がある。弱小の者が自己の客観的立場を知らず、尊大に威張っている意味だが、以上のべたことは、夜郎自大そのものではないかとの誹りを受けるかもしれない。そうではないことを証明するには、我々がどういった研究をおこない、その研究のレベルがいかほどのものかをひろく一般の方に知っていただき、納得してもらう必要がある。

別に曲学阿世という熟語もある。この語の真の意味は、いい加減な小手先の学問で、世に迎合するということで、その逆は、きちんとした学問を身につけて自己の考えを述べることであるが、人文研の所員は毫も曲学阿世の徒にあらずして、正学をもって対処してきたこと、正学がいかに説得力をもっているのかも、我々は世にうったえて行かねばならない。

かかる使命を果たすために、ここに「京大人文研東方学叢書」を刊行し、今日の京都学派の成果を一般に向けて公開することにしたい。

（平成二十八年十一月）

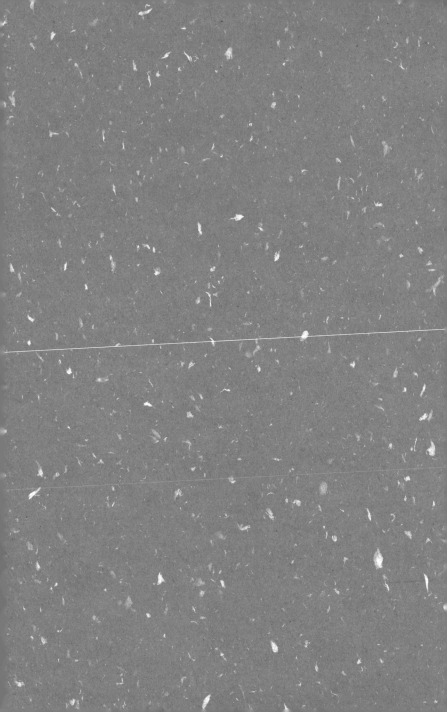